高等院校艺术设计类系列教材

产品效果图表现技法

张玉忠　编著

清华大学出版社
北京

内 容 简 介

本书是编者将自己多年来对产品创意手绘设计表现的思考、体会和绘图经验予以梳理和归纳,并结合国内外优秀的产品手绘设计案例形成具有产品手绘设计实训和知识能力相融合的结构化产品手绘设计教材。本书共分6章,第1章和第2章主要讲授产品手绘设计图的基础知识、基本原理和应掌握的基本要点和基本方法,以及如何运用手绘工具、材料和简明的透视原理表达自己的设计意图。第3章、第4章和第5章是通过产品手绘设计速写的实战训练和专业理论知识的有效融合,突出手绘设计项目化案例教学,体现教、学、练一体化的模块教学,实现从设计速写到产品真实再现的效果。在提升学生技法能力的同时,培养学生更高层次创新理念的形成和运用知识分析问题、解决问题的能力。第6章是通过观摩、欣赏名家和优秀的手绘作品,提高学生的审美意识和创新能力,培养学生在今后的学习中学会用理性的思考方式和创造性的艺术语言来完成每一幅手绘设计作品。

本书是一本集创新设计、手绘技法和优秀案例于一体的手绘产品设计用书,适合本科、高职高专等广大院校设计专业作为教材使用,也可以作为设计公司设计师的入门参考用书。

图书在版编目(CIP)数据

产品效果图表现技法/张玉忠编著. --北京:清华大学出版社,2022.4

高等院校艺术设计类系列教材

ISBN 978-7-302-59488-8

Ⅰ. ①产… Ⅱ. ①张… Ⅲ. ①工业产品—造型设计—效果图—高等学校—教材 Ⅳ. ①TB472

中国版本图书馆CIP数据核字(2021)第230999号

责任编辑:孙晓红
封面设计:杨玉兰
责任校对:周剑云
责任印制:曹婉颖

出版发行:清华大学出版社

  网 址:http://www.tup.com.cn, http://www.wqbook.com
  地 址:北京清华大学学研大厦A座   邮 编:100084
  社 总 机:010-83470000   邮 购:010-62786544
  投稿与读者服务:010-62776969, c-service@tup.tsinghua.edu.cn
  质量反馈:010-62772015, zhiliang@tup.tsinghua.edu.cn
  课件下载:http://www.tup.com.cn, 010-62791865

印 装 者:三河市东方印刷有限公司

经 销:全国新华书店

开 本:190mm×260mm 印 张:10 字 数:240千字

版 次:2022年4月第1版 印 次:2022年4月第1次印刷

定 价:56.00元

产品编号:086944-01

Preface 前言

产品手绘设计表现是产品造型设计师必须掌握的设计表现语言。手绘设计表现是设计师将自己的创意构思通过形象化、视觉化的图形呈现出来，以便设计者更直观地对产品的设计过程展开分析和方案再提升。手绘设计表现是记录设计师对所构思产品创意思维的轨迹，是实现产品预期效果的有力的辅助工具。好的产品手绘设计效果图需要设计师既要有过硬的绘画基本功，又必须具备理性的设计创意能力。艺术院校产品设计专业开设该课程，旨在培养学生了解并掌握产品手绘设计表现的方法和知识要领，为今后能胜任产品设计创意和产品设计表达的设计师的岗位能力需求打下良好的专业基础。《产品效果图表现技法》教材的编写在强调知识讲授的同时，更加注重手绘表现能力的训练和培养，目的是为学生的持续性学习和发展起到辅助和指导的作用。

本书针对产品设计专业的教学特点，并根据编审和产品设计领域等专家的建议，采用知识与能力相结合，图文并茂、由浅入深、系统地讲授产品手绘设计表现方法与步骤的专业性教材。产品手绘如何与设计相结合，以及产品手绘设计表现在产品设计专业中的重要作用都是我们教学过程中必须思考的要点。

本书在参考其他同类教材的基础上，注重了以下几点的改进。

第一，本书对手绘表现的基础知识、手绘训练的前期准备进行了深入的研究，如线的多种表现及其训练要点，以及手绘表现中应注重学生创意性思维的培养。

第二，本书中产品手绘表现的训练方法以真实项目案例导入，指导学生在理解分析的基础上进行摹写和训练，在强调专业手绘图表现的同时，顺应数字化新技术产品设计发展的趋势，将产品手绘的表达与计算机技法相结合，适宜将产品板绘的表现技法融入手绘表现中。

第三，注重学生手绘技能的训练与培养。本书在内容编辑中运用大量优秀的手绘和板绘案例，并结合详细的绘制步骤，旨在帮助学生更好地学习和提升产品手绘设计表现的技能。

本书在编写过程中得到部分院校工业设计专业师生的鼎力支持，在此对参与编写工作的王亦敏、邱景亮、尚金凯、郑志恒、韩凯璐、李芮、张迪、郭逸飞等老师表示感谢，同时对出版社编辑给予的支持和帮助表示感谢！

由于本人水平有限，书中难免存在疏漏之处，真诚希望能够得到专家及广大读者的批评与指正。

编　者

Contents 目 录

第 **1** 章

手绘表现的认识

学习要点及目标

● 了解产品手绘效果图表现的概念、意义及表现技法的分类、学习方法。
● 加深学生对手绘表现学习的认识和理解，启发设计表现的想象力和设计观念，为学好手绘表现打好专业基础。

本章导读

手绘表现是设计师通过手绘草图、效果图来传达产品的外部形态、结构、材料、色彩以及使用环境等生动而直观的"语言"形式，它展现了设计师对产品功能特征的表达及该产品应用的过程情境，同时，手绘表现技法也展现了设计师深厚的绘画功底和美学功底，以及对产品表现的设计风格。

产品手绘设计表现

刘传凯，中国台湾人，国际知名的华人设计师，具有代表性的手绘大师。他的经典产品设计手绘图被很多学习者临摹、学习和借鉴。他的这幅运动鞋设计手绘稿，画面构图均衡、内容丰富，以线条为主要表现要素，从功能和审美的角度将运动鞋的多个创意形态表现了出来，手绘表现语义清晰，风格独特，每个细节形态特征的表达，都传递出作者唯美的创意之妙和严谨的设计构想，并形成个人手绘表现的个性特征。

如图1-1所示，这是刘传凯的经典产品设计手绘图，即运动鞋手绘设计线稿图。

如图1-2所示，这是手表设计分析手绘稿。是在原有手表外观造型的基础上，对表盘功能和结构改良的设计分析。在设计过程中，设计师采用曲线线条和明暗对比的结构素描表现手法，通过创意的表达，思维的推演、分析与比较的综合手绘，进行构思、记录、分析了手表改进后的功能结构和材质特征，以及对局部细节造

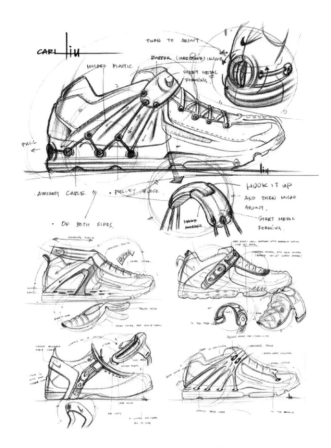

图1-1　运动鞋手绘设计线稿

型的深入刻画，手绘稿具有很强的可视性、审美性，体现了艺术与技术的完美结合。

  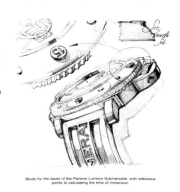

图1-2 手表设计分析手绘稿

以上产品设计手绘图的风格，无论是线条运用、产品结构透视的把握，还是整体与细节的刻画，在产品手绘表现中均堪称典范，产品无论大小、难易，在设计师笔下，均可以表现得淋漓尽致。我们在欣赏这些经典案例的同时，还要总结其中包含的手绘效果表现的思路及技巧，如构思性草图、理解式草图、结构性草图以及最终效果草图的实现等，所有这些都是我们学好该门课程所必须了解和掌握的基础理论和技能。

(资料来源：根据花瓣网内容改编)

1.1 学习手绘表现技法的重要性

1.1.1 对手绘表现的认知

手绘表现是产品设计的语言，是传达设计创意必备的技能，是设计过程中的重要环节。它包括创意草图和产品效果图等。设计师通过创意草图与产品效果图等媒介传达产品的外部形态、应用材料、绘图技巧和使用环境等生动而直观的方式来说明产品的设计方案及构思过程，以此传达产品的各种信息。

如图1-3所示，一张产品手绘表现图的绘制要运用很多绘图技能，如线条控制能力、透视原理应用能力、形体结构塑造能力、材质应用表现能力等。只有理解和掌握各个基础知识的原理，并通过科学合理的方法练习，我们才有可能达到灵活运用表现技法来展示自己的设计思想的目的。

此外，在掌握手绘基础知识上的分析与思考能力是决定能不能画好手绘表现图的重点。面对不同形态的产品时，要根据所要表现对象的形态，正确地分析与判断，借助扎实的手绘基础能力进行快速表现，使构思的设计方案在图面上呈现出最佳的视觉效果。如图1-4所示，从线稿到色彩效果，二者在绘制产品设计手绘图的过程中缺一不可，同时这两个问题也是本书重点阐述的内容。

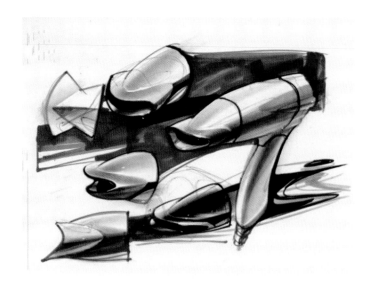

图1-3　吹风机手绘图

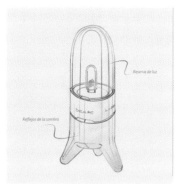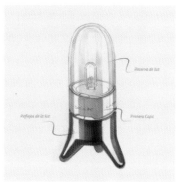

图1-4　从线稿到色彩效果

1.1.2　手绘表现技法是设计表现的基础

在产品的整个开发设计过程中，不同的设计阶段使用的表现技法也不同，我们可以应用计算机来完成我们的设计方案，但最基础的开始部分还是需要手绘设计构思草图和设计效果图来实现的。这是因为手绘表现技法有如下所述几种优点。

1. 易于表达创意思维

手绘表现技法是设计初期开始形成方案构思并进行方案研讨的重要手段。在计算机绘图时代，计算机所具有的强大的制作功能可以代替传统手绘表现技法。但是，计算机毕竟不能代替人的一切。因为人的大脑要先提供创意构思，然后计算机才可能去完成设计效果的制作。在进行计算机设计制作之前，首先要对设计的作品提出构思，然后才能在计算机上进行操作。计算机制作一般适用于后期的仿真表达，如图1-5所示。在初期设计时，我们需要将大脑中的草图方案快速地呈现到纸面上，以便修改和交流，从这一方面来讲，手绘表达更加直观、便捷，如图 1-6 所示。设计草图构思时，不必要求面面俱到，这更容易激发设计师的创造性思维，使其能够充分发挥想象力。

图1-5　计算机表现图

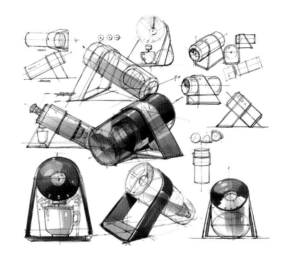

图1-6　设计草图构思稿

手绘表现的过程是设计师创作时的自我沟通方式，如图 1-7 所示，通过快捷草图记录设计想法，在整个构思过程中可以阶段性地进行设计方案的进一步研究，并且通过草图可以快速地记录瞬间的灵感，以快速调动知识储备与积累的经验，及时地针对设计问题提出各种解决方案并通过快速手绘记录下来，使设计思维更具有灵活性，同时也能激发设计者的创作灵感，最大限度地激荡创新思维、发掘设计潜能。

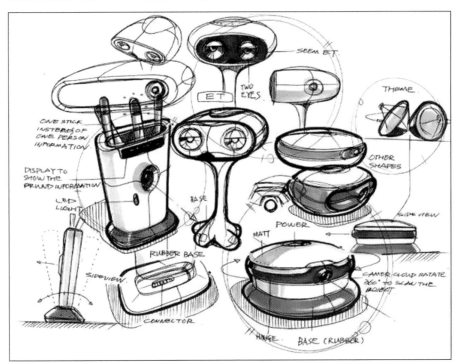

图1-7　构思设计稿

2. 启发灵感

手绘表现技法不仅可以强化设计师与客户沟通的有效性，而且还能够最大限度地提高效果图的说明性。手绘设计图可以通过文字、辅助线、多角度展示等方法使沟通更有效率。优秀的设计作品，创意是很关键的，在这一点上，计算机是无法代替人脑完成的。好的创意，毕竟是在脑与笔之间的密切合作下形成的，手绘表达技法的好处在于手与脑之间能更好地协调，"稍纵即逝的灵感"可以被无缝地记录下来。如图1-8所示，手绘图能够启发设计师的创意灵感，通过适宜方案的推演，思路可以迅速展开。

图1-8　手绘图

3. 为计算机表现图提供基础

扎实的手绘表现技能是最终制作出优秀计算机表现图的基础，而熟练的计算机技术不一定就能制作出良好的计算机设计图。所以，计算机设计图中所呈现的版式构图、产品透视、画面必要的美感等，都需要手绘表现所体现的审美和技能的支撑。

手绘表现技法注重培养学生设计技术美的塑造能力；培养学生注重对创意的表达，思维的推演、分析与比较的提高，如图1-9所示。无论是版式构图还是着色，都可以通过手绘草稿进行分析、比较，在获得满意的效果之后，才可以尝试进行计算机制作，以实现图1-10所示的计算机版式图。而最终的计算机设计表现能力，则要求必须先具有一定的手绘表现基础，因为手绘表现是发掘设计思维和启发创意灵感的重要方式。设计是一种创造性极强的活动，需要将学生培养为既有一定的专业表现技能，同时又具有创造性思维能力的综合型设计人才。

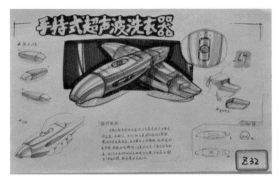

图1-9　手绘设计说明图

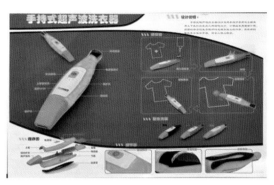

图1-10　计算机版式设计说明图

4. 表达个性风格

手绘表达技法中渗透着美学的观念，很多杰出的设计师都有着深厚的绘画功底和美学功底，寥寥几笔就可以清晰地表现产品的结构特征和设计风格。通过手绘学习可以培养学生个性化思维，形成自己的设计风格。设计是表达设计师个性风格的一种重要表现形式，同时也是一种文化行为。如图1-11和图1-12所示，工业设计是通过对产品的营造而表现人们对产品技术美的精神追求，与客户沟通时，好的效果图能很好地反映设计主题，并全面展示产品的最佳画面效果。扎实的手绘技法可以让设计师和客户进行即时沟通，使产品更容易得到客户的认可。

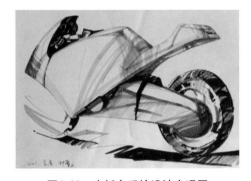

图1-11　摩托车手绘设计表现图

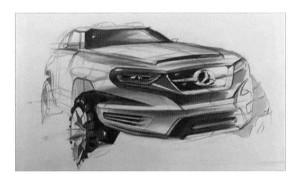

图1-12　汽车手绘设计表现图

本节重点

使学生从思想上认识到学好手绘表现技法对今后产品设计创意的作用和意义，掌握手绘表现的基础，提高学好该门课程的积极性和主动性。

本节练习

1. 选择几幅手绘表现图，说明其表现技法上的表达方式以及创意设计语言的重要性。
2. 从表现图中所呈现的产品结构、色彩及图解，分析其表现出的功能和审美寓意。

1.2　手绘表现的基本学习方法

1.2.1　多临摹

临摹是所有初学绘画的学生必须经历的阶段，临摹也是进入绘画之门的必经之路，临摹别人的作品是最直接和有效地借鉴别人的审美经验及表现技法的一种练习方法。

想画好一幅手绘设计图，没有临摹到一定数量的设计作品，其技能就不会有更高一层的提升。也许有的人在画画方面有一些天赋，但手绘设计效果图还不完全等同于绘画。手绘产品效果图作品 (见图 1-13) 要求同学们必须具有科学、严谨的态度，分析理解，脚踏实地，刻苦磨炼绘图基本功，还必须有一定量的设计草图支撑，才可能在表现技法上有质的提高。

作为初学手绘效果图表现的同学，开始临摹阶段应该有所选择，可以先临摹一些比较简单的作品，比如一个简单的几何形体或一幅产品的图片，如图 1-14 所示；或者临摹一个较复杂物体的局部，然后再过渡到复杂物体的整体。在临摹设计作品之前，要全面地观察，如果只是从局部开始，很容易把整个形体画得不准，应从整体的轮廓和结构着眼 (见图 1-15)。多临摹、多写生我们身边比较熟悉的简单小电子类产品 (见图 1-16)，经过大量的训练之后就能掌握一定的表现技能，然后就可以从我们感兴趣的局部着手了，当然这也是个人取向的问题，等基础训练得差不多了再临摹复杂的形体产品，日积月累就会有更大收获。

图1-13　产品手绘设计表现图

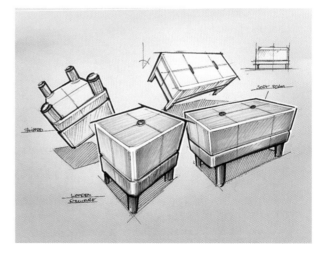

图1-14　铅笔淡彩设计表现图

图1-15 咖啡机手绘效果图

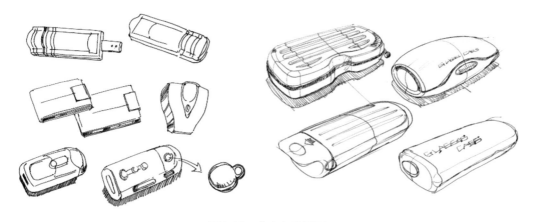

图1-16 小家电速写图

1.2.2 多观察

观察是人类有意识地主动关注周围事物的行为活动。养成平时对身边事物和优秀作品的观察习惯，对提升我们的观察、思考和主动表现能力有很大益处。在开始手绘设计图表现之前，通过眼睛观察、大脑思考，做到成竹在胸，然后才能表现自如。开始可以先选择一个结构相对简单的作品进行训练，如图 1-17 所示的投影仪手绘设计。从物体的轮廓，光影效果、透视和虚实现象、物体的结构等方面观察，如图 1-18 所示，通过观察产品结构表现的细节刻画，可以提升我们的观察能力、分析能力以及对整体事物的把握能力，然后就可以通过眼、脑、手三者协调统一地表现出产品的形态。

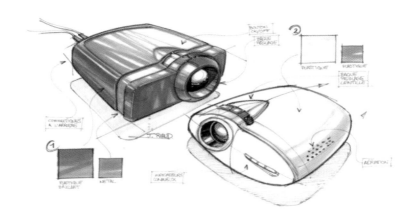

图1-17　投影仪手绘设计图

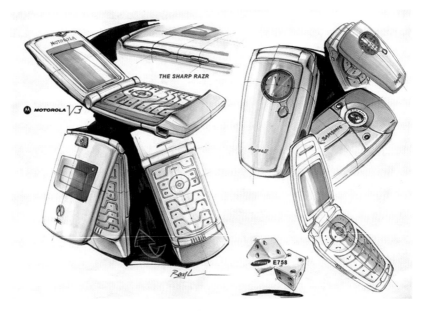

图1-18　产品结构表现图

1.2.3　多写生、默写

写生和默写可以增强人们对事物的记忆和对其形体结构的理解，如图1-19所示，默写人物各种动态的造型是一种很有必要的训练手段。平时应养成随身携带速写本和画笔的习惯，俗话说，笔不离手，如图1-20和图1-21所示的写生作品即为随时记录我们感兴趣的风景、人物动态、日用产品或停放的各种车辆等的作品。这种练习不仅要在开始学习时坚持，还要一直坚持下去，它可以锻炼我们把握物象形态的能力。

默写，对于设计草图来说就是什么时候感觉来了，马上拿起画笔就默写出来，完全是凭借自己的一时之感，以最快的速度把感觉到的物象画出来。画草图大部分时间是为了练手和提高创意构思的能力，提高自己的表现水平，所以我们不要局限在某一方面的题材，应该画我们周围所存在的一切事物。熟能生巧，平时多观察、多练习、多记住物体的形状，这对今后现场用手绘的方式与客户沟通或表达自己的所思所想是非常必要的。

图1-19　人物动态的默写训练作品

图1-20　写生作品

图1-21　风景写生作品

本节重点

了解学好手绘表现技法的多种途径，重点培养学生观察、分析、主动表现的能力。

本节练习

1. 平时应准备一个速写本，将对周围感兴趣的人或物即兴画出来，训练手绘表达基础能力。
2. 锻炼手绘默写的能力，把头脑中多个对物象的印象表现出来。

1.3 手绘表现的分类和特征

1.3.1 手绘表现的分类

手绘表现可按照表现工具、表现方法和表现形式进行分类。

1. 按表现工具分类

手绘表现按表现工具分类，可分为铅笔速写表现、钢笔速写表现、马克笔表现、彩色铅笔及水粉表现、水彩表现、应用计算机手绘表现等。

2. 按表现方法分类

依据表现方法分类，手绘表现可分为单线手绘、结构性线描手绘、线面结合表现、明暗素描表现，以及马克笔手绘表现和水色写实效果表现等，如图1-22～图1-26所示。

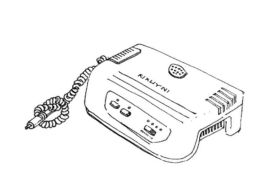

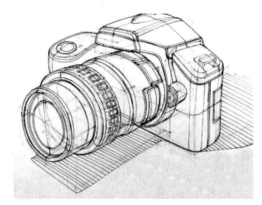

图1-22　单线手绘图　　　　　　　　图1-23　结构性线描手绘图

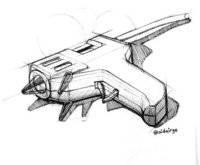

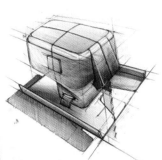

图1-24　线面结合表现图　　　图1-25　明暗素描表现图　　　图1-26　马克笔手绘表现图

3. 按表现形式分类

手绘表现是表达设计创意的重要组成部分，不同阶段可分为不同的表现形式，如记录性设计草图、思考草图、最终效果图和产品三视图。

1) 记录性设计草图

用线描方式记录产品形态的作品，称为记录性设计草图。如图 1-27 所示，这是设计师在收集设计素材和资料时所绘制的，是设计师通过速写的方式把产品的结构、形态、色彩、材料等因素记录下来，用以分析、研究和学习他人的设计长处。

图1-27 用线描方式记录的产品形态作品

(1) 准确再现：设计师通过运用流畅的线条和不同的工具将可视产品的外观结构、透视比例、色彩质感准确地记录下来。记录性速写最重要的特征就是准确地反映产品独特的本质特征。

(2) 快速再现：有些事物只会在眼前一闪而过，要求设计人员在各种环境下凭借聪慧的头脑和娴熟的表现力，把市场上或资料上的产品信息（结构、比例、功能、色彩、材质等）及时记录下来。

(3) 美观再现：如图 1-28 所示，记录性设计草图虽不是纯艺术作品，但必须有一定的艺术魅力。具有美感的记录速写，极具视觉的冲击力，它可以体现设计师的品质与修养，优秀的记录性速写本身就是一件好的艺术品。

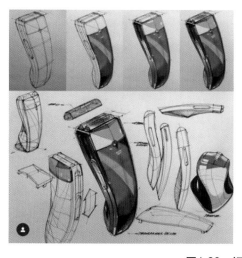

图1-28 记录性设计草图

2) 思考草图

思考草图是用于内部沟通交流的草图，通过绘制细节图、多角度视图可以对造型和细节的表现方式做进一步研究，图中会出现透视图、装配图、局部图、剖面图、解说文字等。图1-29所示的是产品手绘的功能和细节分析，图1-30所示的是思考使用方式连接的设计稿。

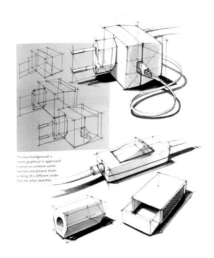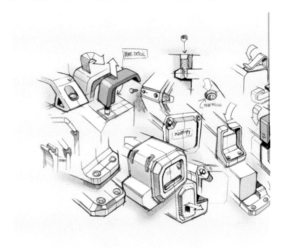

图1-29　功能和细节分析图　　　　　　　　图1-30　思考使用方式连接的设计稿

思考草图具有以下功能。

(1) 解释说明：以说明产品的结构与细部为目的，可加入一些说明性的文字。

(2) 详细分析：以爆炸图（见图1-31）的形式分析内部结构、设计的可行性，清晰地表达产品结构、材质、色彩，探讨产品结构间的连接和组合以及人机工程技术上的材料和色彩等。

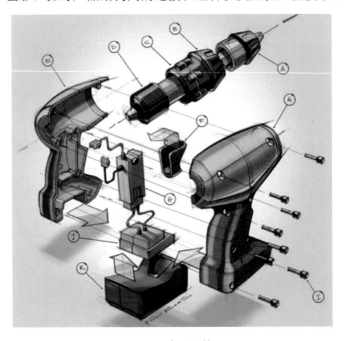

图1-31　产品爆炸图

3) 最终效果图

最终效果图一般就是指最终的方案图，并标出相对详细的尺寸、材质等信息，同时通过计算机建模软件进行建模和渲染等程序。此阶段的手绘图也可用作与客户交流，确定最终设计方案使用。图1-32 所示的是计算机手绘表现最终效果图、三视图。

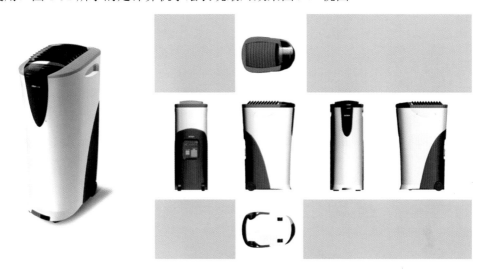

图1-32　计算机手绘表现最终效果图、三视图

4) 三视图

基本确定最终方案后，通过计算机软件 AutoCAD 进行三视图、零件图、大样图等的绘制，这些图用来进行后期生产加工。手绘产品轴侧透视图如图 1-33 所示，手表及表带设计的平面图如图 1-34 所示。

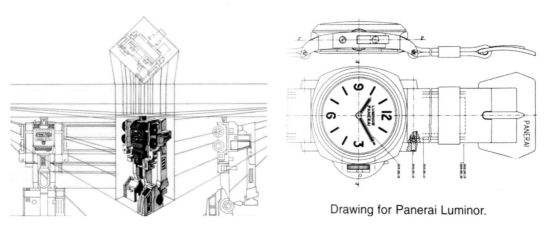

Drawing for Panerai Luminor.

图1-33　手绘产品轴测透视图　　　　图1-34　手表及表带设计平面图

1.3.2　手绘表现的特征

手绘表现技法可以突出表现产品设计创意的准确性、真实性、说明性、艺术性、设计思路、透视造型、明暗色彩、构图布局，是设计师在设计前期采用的最简洁、有效、快速的产品开发设计语言，是设计师与顾客、设计师与设计师之间进行现场交流和展示的一种方式，其特征表现为以下几点。

1. 设计性

手绘效果图是设计师通过手绘的形式，将头脑中的设计构思表达出来，设计性是手绘效果图最重要的特征之一。在这个阶段，可以不必太纠结线条与画面的效果，所做的方案草图多数是线描性速写，即用线的形式概括出产品的大概形态，不用考虑与产品有关的细节问题和相关的生产工艺及结构，但是应注意尺寸的比例范围要具有合理性。设计师通过手绘的方式将各种构思的造型绘制出来，并进行分解和重组，创造出新的造型样式，如图 1-35 和图 1-36 所示，这种设计的推敲过程是设计创作的本源，也是手绘效果图表达的核心内容。

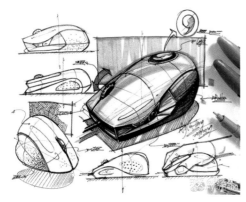 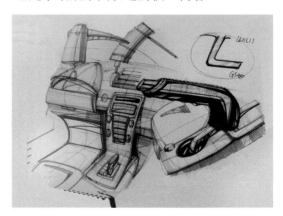

图1-35　鼠标的设计构思图　　　　　　图1-36　汽车内饰的设计分析图

2. 科学性

手绘效果图在确定产品形态构造之后，方案应具有严谨的科学性和一定的图解功能。如图 1-37 和图 1-38 所示，这时的设计图更接近实际生产的需要，具有更加科学、合理、符合设计技术美学的原理和加工工艺的特征，追求结构的合理表达、透视比例的准确把握、材料质感的真实表现等。

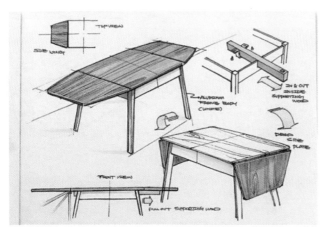 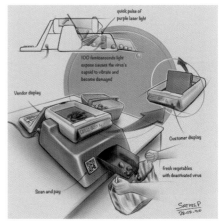

图1-37　手绘产品线条、材质和结构表达图　　　图1-38　产品设计的科学性分析图

3. 艺术性

手绘效果图是设计师艺术素养与表现能力的综合体现，同时也是设计师创作思想、设计理念和审美情感的再现。图1-39 所示的马克笔的手绘表现与图1-40 所示的汽车手绘效果图的艺术化处理，包括形状、线条和色彩等，都决定了设计效果图在满足功能表现的同时，必须追求形式美感的表现。

图1-39 马克笔的手绘表现图

图1-40 汽车手绘效果图的艺术化处理

使学生了解并掌握手绘表现图的分类和特征，并运用好这些知识和方法，在今后的学习中不断实践、理解并掌握和提高。

(1) 简述产品设计图的多种表现方式及其特征。
(2) 阐述手绘设计图在不同阶段的四种设计类型。

(3) 收集1～2个小型家电产品的设计案例，从使用和审美功能的角度，用文字说明其设计性、科学性、艺术性。

 实训课堂

以身边熟悉的小家电产品为例，从设计性、科学性、艺术性的角度，对该产品进行案例分析，并进行改进设计。

(1) 画出该产品完成改进后的外观造型主视角透视图(线稿)。

(2) 画出该产品的多个视角的透视设计图及使用流程步骤图。

(3) 写出文字使用说明。

要求构图均衡，手绘设计及文字说明简捷、清晰，主题明确，体现艺术与技术的完美感。

第 2 章

训练前的准备

 学习要点及目标

● 了解产品设计表现技法的常用工具和材料，掌握正确的透视原理。

● 运用所学的手绘表现专业知识，为今后的学习和训练做好必要的准备。

本章导读

手绘表现绘图工具的应用

手绘设计图需要我们根据设计的目标定位，决定运用什么手绘工具去表现，如图2-1所示。设计师首先必须完成电动工具的外观形态和透视关系的铅笔稿，再对铅笔稿草图从整体到局部进行深入地调整、细化，并将每个细节刻画到位。前期的铅笔稿表现对后面完成整个设计预想图的着色环节至关重要，设计师应根据电动工具每个局部的结构、材质及功能特征，选用蓝色、灰黑色系列马克笔，然后依据材质及结构特征，由浅到深地进行着色，着色过程要考虑产品的形体结构和色彩的明度及冷暖相协调，注重对产品表现的虚实、光感和材质的重点刻画，使其更接近真实效果。

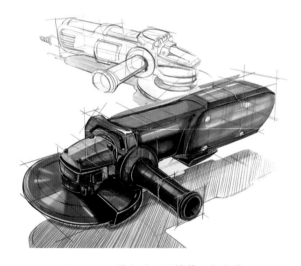

图2-1　手绘电动工具线稿及色彩稿

产品手绘表现的基础是如何运用好"线"来表达产品的结构特征，"线"是产品形体结构的筋骨。如图2-2所示，这是单色的手绘行李箱线描绘图，这张手绘设计案例，是通过"线"的粗细、曲直来描绘行李箱的形体透视和结构特征，行李箱的外观及内部构造都表现得十分清晰、合理、准确。特别是对手握把柄的结构及细节刻画得很精准。本设计案例采用设计线描的表现形式，注重对产品结构和透视关系的严谨把握，使其更加简捷、清晰地展现产品的结构和形态特征。

图2-2　手绘行李箱线描绘图

　　首先，手绘表现的基础训练很重要，对产品外观形态和透视关系的把握，加强对铅笔稿和线描稿的训练，以及对产品局部和整体关系的准确把握都是我们手绘表现之初必须解决的难题。其次，应用什么表现工具将我们的构思方案真实地表现出来，需要我们反复不断地尝试，熟悉各种绘图工具的性能特点。同时，在手绘图表现中，我们一定不可忽视对于产品细节部分的深入探究和表现，如开关、按钮、表面肌理等，细节不仅能够帮助我们丰富画面的效果，而且还能使我们的设计效果更趋于理性、科学和再现真实。

2.1　常用的工具与材料

　　手绘表现技法的种类很多，从基础练习到成品表现的过程，我们不但能接触到很多工具和辅助材料，而且还能熟知不同的表现形式、手法。此外，每个人对画具及材料也会有不同的要求。

　　常用的绘图工具有纸张、铅笔、钢笔、针管笔、彩色铅笔、马克笔 (水性、油性)、色粉笔、毛笔、板刷、直尺、蛇尺、云尺、弧形尺、圆形模版、椭圆模版、调色板、盛水工具、画板、水溶胶带或白乳胶等。

　　手绘设计图的工具使用可以很随性，可供选择的范围也极其广泛。常用的工具及其材料下文将进行详细介绍。

2.1.1　笔

1. 铅笔

　　铅笔 (见图 2-3) 是一种通用的画笔工具，有 B 型和 H 型。B 型较软，色度较深，型号越大笔芯越软，色度越深；H 型则较硬。铅笔可以画出从最暗到最亮的很多个色调层次，可以表现出不同感觉的线条品质。此外，铅笔的痕迹容易修改，初学者比较好掌握，用铅笔画草图，需要注意铅笔的不同笔尖粗细、笔头侧面的使用，尖锐的笔尖可以表现一种清新锐利的效果，而钝的笔触则给人松软的感觉，还可以使用搓、擦的方法来获得有变化的线条和肌理。在不同质地的纸面上使用不同硬度的铅笔，随着用力和笔锋的变化会画出丰富细腻的肌理效果。

图2-3　铅笔

2. 彩色铅笔

如图 2-4 所示，彩色铅笔的色相有十几种，对产品的草图构思有很强的表现力。彩色铅笔硬度较小，并且易断，需要把握好使用时的力度。它们可以表现出产品的外部色彩倾向、产品质感和流畅的线条，可以对产品的细节部分进行精微细致的刻画，同时还可以运用彩色铅笔对产品局部结构进行大面积块面涂抹处理，且处理快捷方便。这种以"面"来排笔，要求用力均匀，排笔过渡自然，切忌用力下笔或笔触痕迹过于明显。彩色铅笔可以和普通铅笔或其他工具一起配合使用，效果更丰富。

图2-4　彩色铅笔

彩色铅笔可分为水溶性铅笔和非水溶性铅笔两种。

(1) 水溶性铅笔。可以用水来溶解，可以当作水彩颜色使用，这种笔的色彩非常多，在各种产品设计草图和效果图中到处可见。它画出的线条柔和，灵活流畅，其饱和的笔性、丰富的色彩可以给人丰富的联想。

(2) 非水溶性铅笔。不能溶解于水，其他与水溶性铅笔相同。

3. 钢笔、针管笔、中性水笔

这三种笔是便于携带的速写工具，也是手绘表现中常用的工具。如图 2-5 所示，针管笔笔头呈圆柱形，画出来的线比较均匀，较少出现笔锋的变化。按笔头粗细分类，如 0.1、0.2、0.3、0.4、0.5 等，适于以线条为表现手段，通过线条的疏密变化形成黑白对比，也可以对细节进行深入刻画，获得细腻的效果。钢笔和针管笔相比较，使用起来更随意一些，在草图绘制的过程中可以通过改变压力、笔尖的角度以及笔尖的大小得到不同特质的线条。

中性水笔（见图2-6）是近年来应用比较多的自来水笔，由于携带方便、使用简单，在任何场合都表现得很方便，还可以画出粗细均匀的线条，便于记录性和创意性速写的使用。

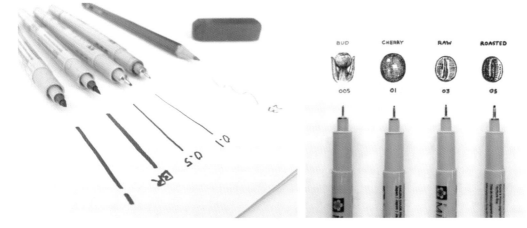

图2-5　针管笔的不同型号

图2-6　中性水笔

4. 圆珠笔

圆珠笔也是较方便和常见的工具，不必像钢笔灌墨水，它易于操控，既可以画出刚健、活泼的线条，还可加重用力产生一种强有力的大胆豪放的感觉。用钢笔、针管笔和圆珠笔则会使绘图者用一种最直接的方法来画构思的速写草图，因为墨水线非常强烈并且不易擦掉，这就要求绘图者需先构思，后运笔。

5. 马克笔

马克笔在产品效果图表现中应用比较广泛，是设计师常常采用的快捷手绘表现工具，可分水性和油性两种，有多种颜色，如图2-7所示。它的特点是色彩丰富、过渡平和、线条流畅、干净清晰、使用方便，而且表达效果具有较强的代入感和艺术表现力，透明感好，快干，可以和钢笔、彩色铅笔、水彩笔等结合使用。

(1) 水性马克笔。这种笔没有浸透性，遇水即溶。水性马克笔笔触明显，使用中切忌把过多的色彩重叠起来使用，否则画面效果会变得脏乱。因为不容易融合，所以对于初学者来说相对难掌握，建议初学者开始练习时多使用油性马克笔。

(2) 酒精性马克笔。这种笔具有挥发性且有一定的气味，其色泽鲜艳，渗透性强，色彩比较滋润饱和，手感滑爽，使用时动作须敏捷、准确。

马克笔因色彩繁多，每一个颜色用一个型号表示，选购时，一般配备灰色系列和其他不同表现题材上表现特有材质的颜色，从数量上来说，20 支左右能满足最基本的使用，要想获得丰富的效果，40 支左右是比较合适的选择。

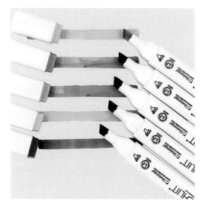
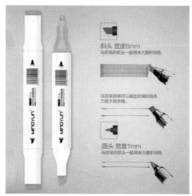

图2-7　马克笔

马克笔上色要用平铺排笔，排笔时必须用力均匀，两笔之间重叠的部分应尽量保持一致。图 2-8 所示是马克笔的最终排笔绘制效果，图 2-9 所示是马克笔手绘产品效果图。

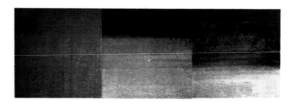

图2-8　马克笔的最终排笔绘制效果

图2-9　马克笔手绘产品效果图

6. 毛笔

毛笔是中国的传统笔具，如图2-10所示。通过笔锋的运用和对水、墨的控制，毛笔可以画出变化无穷的图画。对于毛笔性能的掌握需要长时间的实践，在写实效果图的应用中，可以在掌握一定用笔规范的基础上，把它作为一种普通的绘画工具使用，画效果图时将水粉、水彩颜料与毛笔相结合，再通过和钢笔、铅笔等笔具的配合使用能丰富手绘表现的效果。

图2-10　毛笔手绘应用效果图

7. 水粉笔(水彩笔)

水粉笔（水彩笔）是基础绘画工具，如图2-11～图2-13所示。水粉笔（水彩笔）可进行大面积的底色涂抹和产品结构块面的色彩表现。这种笔有很多不同宽窄的型号，可根据表现的部位不同，使用不同的型号。在效果图表现中，水粉笔（水彩笔）主要用来与水性颜料结合使用，并在使用时掌握水和颜料的用量。

图2-11　水彩颜料　　　　　图2-12　水彩用毛笔工具　　　　图2-13　水彩绘制的产品效果图

总之，为了不同的画面效果，除了上述绘画与着色工具，只要是可以用来钩线、涂抹，产生痕迹的东西都可以使用，比如海绵、布、报纸团、牙刷等。要开阔思维，灵活自由地应用，只要是能够获得表现的效果，我们都可以尝试。

在手绘设计图表现中，理想的工具应该干净、轻巧和便于携带，铅笔、钢笔、中性水笔和马克笔等都是符合这种要求的。

2.1.2　纸质材料

1. 素描纸

素描纸是画素描的专用纸品，较厚实，有的有一些较细密凹凸的纹理，用铅笔、炭素笔等画设计草图、速写可以使用这种纸品，因其经得起反复修改涂抹。

2. 绘图纸

相对于素描纸，绘图纸的表面很光洁，可以更加流畅地运笔，适合用钢笔、针管笔、马克笔等表现。

3. 水彩纸

水彩纸吸水性能好，适合运用一些晕染技法表现水彩、水粉色写实性效果图表现，表面有较大的纹理。

4. 水粉纸

水粉纸相对于水彩纸吸水性稍弱，表面也有较大的纹理，在效果图表现上可以和水粉纸通用。

5. 麦克纸

从纸张的命名上来看，麦克纸是专为绘制马克笔效果图而研制的。它质地细腻、洁白，而且背面还经过一些特殊的处理。无论怎样在纸面上反复地涂写，它都不会透底，其表现效果非常到位，对色粉的附着力也非常强。

本节重点

使学生了解并运用好手绘表现的各种常用工具，熟悉各种工具的性能及表现技法，在今后的专业学习中达到灵活运用的程度，为后续的产品设计表现应用打好基础。

本节练习

1. 用铅笔临摹完成1~2张单色手绘产品草图，体会用"线"的轻重、粗细、宽窄所呈现的视觉效果，注重形态结构的准确和透视的合理。

2. 观摩1~2幅设计案例作品，体会该作品表现所应用的工具及其使用技巧，学会合理地选择相适应的工具、材料进行后面的设计创意。

2.2 基本的透视知识

2.2.1 设计透视基础

产品手绘效果图，除了在形态特征、结构表达、色彩搭配上满足其技术和审美要求，还必须满足基本的透视规律。学习基本的透视理论和了解简明的透视原理，就能把握好画面的艺术美感和正确的空间感。所以，掌握手绘表现的基础透视知识，是每个设计人员必修的专业技能。

透视的基本原理是将三维物体在二维的画面上"立体"地呈现出来，所以，它更有利于设计师梳理、调整设计中要解决的问题，也可以让客户了解将来产品的外观形态、结构、功能及使用方式等，这对客户接受设计有较大的帮助。透视图的技法发展到今天，作为一门独立的科学，其应用也是相当广泛的。

常用的透视有一点透视 (平行透视)、两点透视 (成角透视) 和三点透视。

1. 一点透视

一点透视也称平行透视，它的特点是在画面中只有一个灭点。立方体的正面与画面平行时形成的透视变化为一点透视，其特征为正立面长宽比例不变，纵深方向线条 (与画面垂直的线条) 发生透视变化而向灭点消失，如图2-14所示。

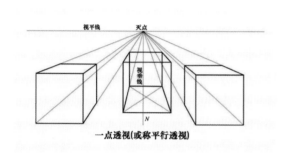

图2-14　一点透视

2. 两点透视

两点透视也称成角透视，它的特点是在画面中有左右两个灭点。两点透视给人的感觉是构图灵活、生动、有一定的趣味性。当立方体的两个面与画面形成角度时，其三组棱线有一组与画面平行，其他两组与画面不平行并分别汇聚消失于视平线上的两个灭点。其特征为垂直线条只发生近大远小的透视变化，透视线分别向左、右两边灭点消失，如图 2-15 所示。

相对于一点透视，两点透视能更直观、全面地表现物体空间感，画面也更富有表现力与感染力，是产品手绘图中使用最多的透视类型。

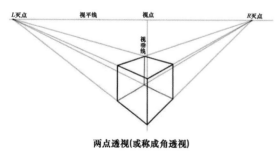

图2-15　两点透视

3. 三点透视

当立方体的三个面都与画面成角度时，三组棱线中，每组既不与画面平行，也不与视平线垂直，称为三点透视，如图 2-16 所示。这种透视常见于仰视图或俯视图。产品设计手绘图多采用一点透视和两点透视，三点透视多用于表现与认识尺度差别巨大的物体，如仰视倾斜角度的汽车、高大建筑物等。

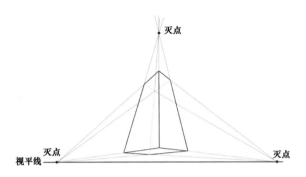

图2-16   三点透视

2.2.2   透视的基本规律

1. 近大远小

如图 2-17 所示，由于物体形状远近不同，人感觉它的大小也不同，愈近愈大，愈远愈小，最远的小点会消失在地平线上；有规律地排列形成的线条或互相平行的线条，越远越靠拢和聚集，最后会聚为一点而消失在地平线上。

2. 近实远虚

如图 2-18 所示，物体的轮廓线条距离视点越近越清晰，越远则越模糊。透视可以理解为画面中各种物体或人物相互之间的空间关系或位置关系，在平面上构建空间感、立体感的方法。所有的透视方法都必须服从于作者的需要，我们可以根据自己的需求选择运用最合适的表现手法。在手绘图的透视学习中不需要一丝不苟地严格按照透视原理进行，通过观察和感觉掌握基本的技巧，能够正确运用就足够了。

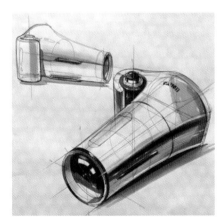

图2-17   近大远小的一点透视图   图2-18   近实远虚

3. 透视与空间

在二维的画纸上表达三维物象的立体效果，对于产品的空间表达是必不可少的。空间是实在的，也是虚幻的；是具体的，也是抽象的。产品的空间表达不仅可以通过透视技法完成，还可以通过以明暗、浓淡、虚实来表示产品的空间关系，以线条粗细对比、线条前后穿插、色彩的冷暖关系等视觉感觉来实现。

本节重点

使学生了解并掌握基本的透视知识和表现方法，并能在二维的画面上通过透视原理表现好产品或景物的立体透视关系，尤其能熟练运用好一点透视、两点透视绘制产品设计图。

本节练习

通过一个简单产品的不同透视现象，掌握一点透视和两点透视的绘制规律，寻找一个三点透视的作品，分析其三点透视的规律。

2.2.3 画面构图与表现

构图也称布局，一幅画面的布局，是一个设计的重要过程。我们在绘制效果图时首先要考虑的就是布局，效果图中产品主图的位置摆放是我们下笔之前就需要考虑清楚的，产品主图在画面中的摆放位置直接影响着观者的视觉体验，画面内的每个局部、每个单位、每块色彩和形体等都应围绕主图发挥其存在价值。

(1) 形态构图。所谓形态构图，是指产品表现绘图中，在限定的二维平面内，通过产品设计方案所限定的形状、结构，进行一番分析、归纳，选择具有代表性的形态倾向特征，作为设计表现构图的理性原则，如图 2-19 所示。

(2) 面积构图。面积构图是指在设计表现构图中，确立的设计图上的文字、产品、背景图形及色彩等，主要凭感觉来决定主体形状的面积大小、比例和相互之间的关系，寻找一定的突出主题的秩序构图，增强作品的表现力，如图 2-20 所示。

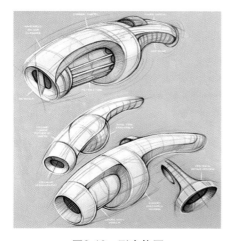

图2-19 形态构图

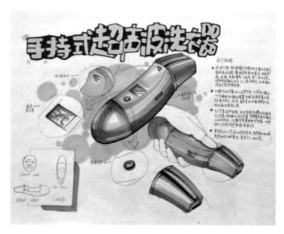

图2-20 面积构图

(3) 轴测图。轴测图是区别于一般透视规律，表现物体具有三度空间感的轴测投影画法，如图 2-21 所示。因为它便于构图与作画，画面又能给人以空间感、立体感，所以，它是设计师在产品设计最终图解中普遍使用的方法之一。

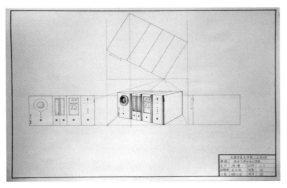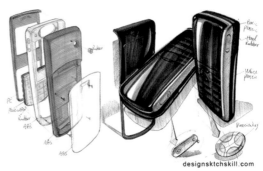

图2-21　轴侧图

本节重点

了解并掌握画面构图的基础形式美法则，处理好画面中各种要素的空间关系。

本节练习

分组收集几幅设计作品，依据形式美法则在小组里分析、阐明自己对其构图的优劣观点。

2.2.4　以线为主的设计表现

线条是绘画艺术中最原始、最直接，也是最抽象、最现代的一种表现形式，同时也是最具生命力的表现形式，是设计师和艺术家们最喜爱的创作元素。

学会利用线条的形式法则，如长与短、曲与直、主与次、虚与实、疏与密、穿插与避让等来表现轮廓、体积、主次、前后等关系，可以把握画面的完整性、趣味性，体现作品的形式美感，如图 2-22 所示。同时，我们可以大胆地将自己的绘画习惯、形式趣味、审美倾向、情绪和情感带入线条之中，形成自己的艺术风格。

图2-22　曲线的造型练习

在前期线稿阶段，产品的结构、透视、比例等因素都需借助线条进行塑造，如同文字作为文学创作的创作元素一样，而线条则是产品设计手绘表达最基本的形态语言。

1. 线的分类

(1) 按线条的形态，可以分为直线、曲线、组合线及不规则线。

(2) 按线条的组合方式，可以分为单线和复线。

(3) 按线条与物体的对应关系，可以分为轮廓线、结构线、装饰线及分析线。

① 轮廓线：对应物体的轮廓与形态，是整体构图与形式冲击力的关键。

② 结构线：对应物体的结构与体积，是形象的真实性与科学性的反映。

③ 装饰线：对应物体的装饰与效果，是作品艺术性与风格的体现。

④ 分析线：对应画面的辅助线条，既是分析与说明，也是画面的组成部分。

2. 线可归纳为两大系统——直线和曲线

直线是产品设计手绘中最常用的线条，多用于产品透视比例关系的概括及形态结构的塑造。按照使用情况的不同，直线大致可分为两端轻中间重、一端重一端轻及轻重较平均三种类型。

曲线在现代产品设计中，作为一种设计元素被大量运用，如流线型设计、过渡曲面、圆形按钮、倒角形态等。依据产品设计中的应用，曲线大致可分为随机型和几何型。由此可派生出千变万化的不同形态，基本感觉是直线"刚"、曲线"柔"。如图 2-23 所示，不同的"线"，它们的性格表现也不同。

(1) 直线富有生命力和力度感，比较庄严。

(2) 水平线常给人一种稳定、平静、呆板的感觉。

(3) 线有运动感、方向感。

(4) 几何线紧张、有弹力，体现着规则美。

(5) 细线精致、挺拔、锐利。

(6) 粗线壮实、厚重。

线条是用来表现的媒介，在真实生活中并不存在，只有在二维空间里表现三维物象的边缘和转折时，我们用线的语言来呈现。如图 2-24 所示，线的组合在画面中可形成疏、密、明、暗、轻、重的画面效果，使画面富有层次、秩序、节奏、韵律，也可表现出物体的质感、前后的空间感等。我们在以线为主的产品设计创意上，应根据具体情况进行综合分析并灵活运用，线应以如何更快速、准确地表现产品透视、比例、结构为基准。

线肌理的变化也可以产生不同的情感，如光滑的线平滑、纯净、畅快、随意；毛糙的线轻松、朴实；粗线粗犷、庄重；细线尖锐、精致等。线的画法可简可繁，既可用极简洁的线勾勒出高度概括性的形体，也可用密集的线条细致地描绘复杂多样的细节。

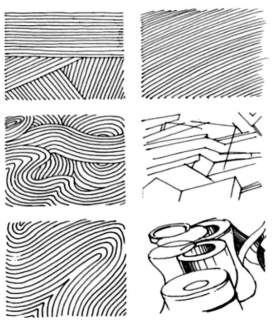

图2-23　线的练习

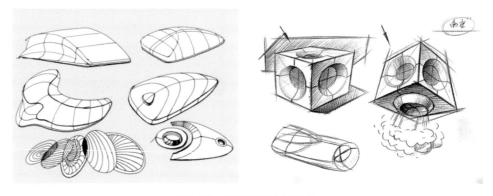

图2-24　线塑造的几何形体

3. 提高对线的认识

线条简练生动，又很难把握。线条是以相对形体存在的，它是缩小了的体。我们从不同角度观察形体时，它的轮廓和形态总会发生一些变化，这好似我们通常所说的"轮廓线"，其实只是结构转折的形态，而"结构线"也会随视角的变化而变化。由此可见，线条是不断变化的，是活的，不是死的。

在线条的造型里，线条直接对应物体的形态特征，所以我们只要关注形的边缘和体积转折点，就能找到线条。线条在应用过程中，可以根据实际情况和作者的想法，进行主动取舍、添加、夸张和变形，以获得理想的画面效果。不同的工具可以画出不同的线条，我们可以根据内容的需要选择工具和方法，画出富有表现力的线条。所以，在设计表现中，我们提倡大胆下笔、直接表现、灵活把握、突出效果，将线条画"活"。

(1) 线条。线条是表现图最基本的组成部分，线条本身具有很强的表现力。初学者开始作画时，往往无从下手，不知道怎么画下第一笔线条，最容易出的毛病就是容易碎，主次不太分明，这也可能是很多人的共性。通过速写线条的疏密、虚实，可以体会线的特性。有时，很多同学眼到但是手不到，这就需要长时间的练习，没有捷径可走，勤学苦练才能表现自如。

(2) 笔触。笔触是变化了的线条，其虽然有一定的技术因素，但也具有个性化的象征意义，通过不同的运笔，可以画出不同的线条，反映出轻重、虚实、刚柔、强弱、宽窄、曲直等多种变化。要达到这点，我们可以将注意力放在由曲线所构成的形体上来，果断用笔，灵活用线，直到表现出我们想要的视觉形象为止，从而使画面充满灵动与生气，如图2-25所示。我们还可以大胆尝试各种不同的工具、材料和技法，以拓宽线条的表现力。

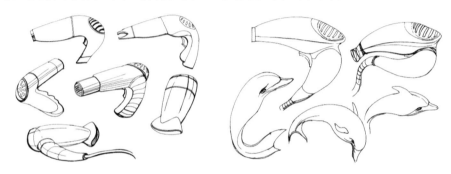

图2-25　运用曲线表现的产品形态

4. 以不同的运笔方式画出的各类线条

(1) 轻柔线条。轻柔线条边缘柔和、颜色轻浅，不同于颜色很深、轮廓分明的线条。其实物体上并不存在线条，当作品完成时，轻柔的线条就成了物体的一部分，如图 2-26 所示。

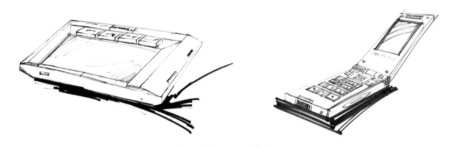

图2-26　轻柔线条

(2) 变化线。如图 2-27 所示，变化线是一条粗细深浅都发生变化的线，它可使画面显得很有立体感和真实感。

(3) 机械线。如图 2-28 所示，机械线是使用工具画出的线条，干净而爽快，快速而精确。

(4) 徒手线。如图 2-29 所示，徒手线柔和而富有生机，可以很快地勾勒出小尺度的物体。它能充分调动人的右脑，使人更富有创造力。徒手线的缺点是比机械线费时。

(5) 重复线。如图 2-30 所示，重复线通过重复主线，使物体产生三维效果，并能激发绘图者的创造力。

图2-27 变化线

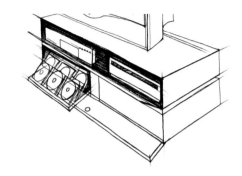

图2-28 机械线

图2-29 徒手线

图2-30 重复线

(6) 结构线。如图 2-31 所示，结构线轻而细，用于初步勾勒物体的形体框架。常使用结构线来推敲画面的整体布局，便于修改。

(7) 连续线。如图 2-32 所示，连续线是一条快速绘出的、不停顿的线，用于快速勾勒物体轮廓。事实上，物体上并没有线条，因此，物体的轮廓线常用粗线，下笔稍微重一点，用来控制内部填充调子的线条。内部用来填充调子的线条一般细而轻。

图2-31 结构线

图2-32 连续线

(8) 强调线。如图 2-33 所示，强调线也叫轮廓线，用来强调物体的轮廓。由于强调线比较突出、随意，所以一般很少用在精细的作品中，常用在平面、立面和剖面图中。带有明确的起点和端点的线条可使画面更加生动，而且可使人产生线条粗细一致的错觉。

(9) 出头线。如图 2-34 所示，出头线可使形体看上去更加方正、鲜明而完整。画出头线显然比画刚好搭接的线来得容易而快捷，并可以使绘图显得更加轻松而专业。

(10) 专业点。如图 2-35 所示，快速绘图时经常产生专业点，它可使线条产生动感与活力，同时表示一段线条的完结，类似于句子中句号的作用。

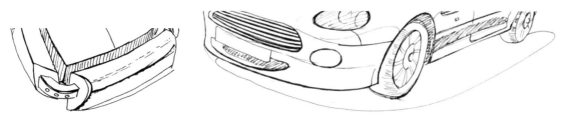

图2-33　强调线

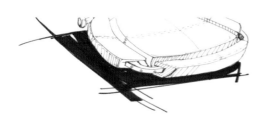

图2-34　出头线

图2-35　专业点

(11) 粗线。如图 2-36 所示，使用粗线可以产生均匀的表面，粗线有助于很快地完成大体画面，并产生光华的效果。

(12) 均匀线。如图 2-37 所示，现实生活中是没有线条的，因此，使用均匀线可以使效果更加真实。

图2-36　粗线

图2-37　均匀线

(13) 细线。如图 2-38 所示，使用细而轻的线条可以使画面变得柔和而生动。重线时常被使用在大的图中，因为它们比较容易辨认。

(14) 短线。如图 2-39 所示，就是一系列与绘图页面成 45 度角的短线。这种线可以使画面产生统一和流畅的效果。

(15) 渐变线。如图 2-40 所示，由于光的反射，渐变存在于任何物体之上。虽然人的眼睛不会很快地感受到渐变的存在，但我们仍然需要在绘图中体现这种效果来使画面显得更加真实。当使用渐变效果时，有意让一些线条与物体的轮廓线交叉，这样可以使画面产生更加柔和而随意的效果。

(16) 点。如图 2-41 所示，点用来刻画纹理和细节，同时还能产生渐变效果。

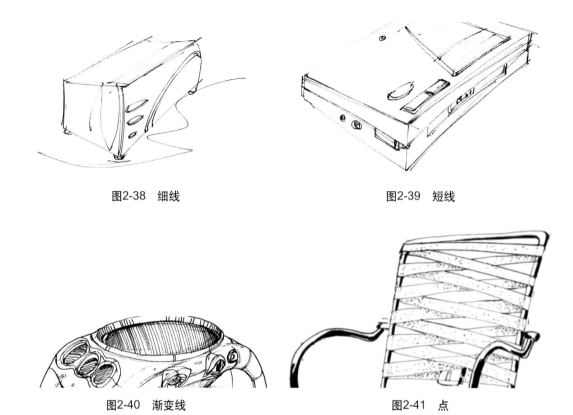

图2-38　细线　　　　　　　　　　　　　　　　图2-39　短线

图2-40　渐变线　　　　　　　　　　　　　　　图2-41　点

本节重点

了解线条在设计表现上的作用，以及线条的各种造型表现和画面上所形成的黑白灰效果之间的关联性。

本节练习

1. 线条训练，练习直线、曲线、正圆、椭圆、弧线所展现的形态。每个形态画满一张A4纸。

2. 设定几个方、圆、圆锥体及异形的形体，用笔直接画成体面关系的结构形体。

2.2.5　创意草图与设计分析

设计的准备阶段 ⇒ 快速地记录、捕捉打动心灵的一瞬间，这些都将汇集成为素材库以备创作和设计之用。

设计的构思阶段 ⇒ 将思路可视化，易于思路的拓展、运用创造思维进行深层次的完善。

设计的定案阶段 ⇒ 确定方案，是交流沟通的可视的媒介。

设计的审核阶段 ⇒ 方便快捷地修改草图，使其更符合设计目标。

在产品设计的各个阶段，手绘创意设计图占有很重要的位置，它有助于设计师针对产品设计的展开和设计思路的拓展进行分析，是设计师一种快捷的记录表达方法。在构思新产品的时候，设计师可用它来记录各种不同的创意，经过团队的反复研讨、分析，最终筛选出更适合客户和市场需求的设计方案，所以，在产品设计的各程序中，手绘创意草图及设计效果图始终占有很重要的位置。

确定设计主要有以下四个阶段。

1. 设计准备阶段

在开发设计新产品之前，需要对市场进行调查研究，收集资料。这时设计草图可以方便快速地记录下所需资料。当然使用照相机也是一种很好的选择，可以将素材收集后以备创作和设计之用。而手绘设计图更具有独特的优势，照相机对物象的选取主次不分，所有的细节都可罗列出来，而手绘创意图则不同，通过将主观上对造型能力的训练内化为一种本能的直觉后，我们就可以通过敏锐的观察，有选择地把观察到的、感受到的进行记录，这就是记录者主动性地梳理和留存。在产品设计中，创意设计草图、设计效果图往往具有特殊的目的，设计草图常用来表现最初的构想，不论是一刹那灵感的记录还是设计思路的深化，在这一过程中都需要设计者主动把握那些最初的想法，把有价值的创意梳理、比较，得到接近结果的素材并记录下来。设计图可协助将游离松散的概念化作为具体的视觉形象来陈述，通过手绘出的草图，可让设计师思考、比较、融合更多的理念，形成更具目标的构思。

设计草图与效果图是设计师在设计产品时绘制的，用于记录灵感、推敲方案、解决问题、展示设计效果等，如图2-42所示。

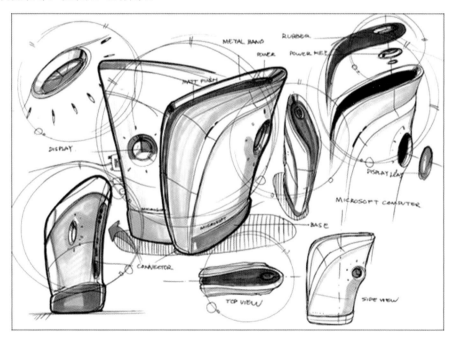

图2-42　调研分析展开图

2. 设计的创意构思阶段

用创意设计草图的方式可以方便地将设计者的设计想法记录下来，在设计草图画面上往往可以标注出产品创意的文字标示、尺寸的比例、颜色的推敲、结构的变化等，这种理解和推敲的过程是设计草图的主要功能。

如图 2-43 所示，在设计草图的基础上，经过几番修改就可以得到设计方案了。从设计草图、产品效果图到设计方案的一个重要作用就是拓展设计思路。设计的灵魂是创新，设计的构思不是简单地记录灵感，而是要在此基础上运用创造思维进行深层次的完善。如图 2-44 所示，创意草图能将思路可视化，易于思路的拓展。

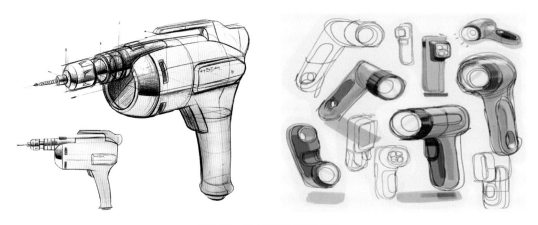

图2-43　构思草图与设计图

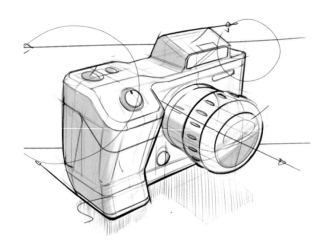

图2-44　完善后的产品立体设计图

3. 设计定案阶段

在定案阶段，需要设计小组与不同的生产及制作部门沟通，设计师和客户多次沟通与交流，需要通过草图将构思具体地表达出来，然后绘制可以定案的设计结构效果图和产品加工三视图，如图 2-45 和图 2-46 所示。

4. 设计审核阶段

设计是理性的思考和实践行为，设计图可以记录一些设计灵感及拓展创意的最终效果，展示给决策者的是三维立体效果图和生产加工装配机械图，如图2-47所示。图2-48所示为形态设计与功能设计分析，通过学习各种设计图，可使学生掌握必要的设计程序和表现方法，熟悉检验设计的每一个环节，并能采用设计图的方式随时修改最终设计方案图。

图2-45　咖啡机从草图到设计手绘表现图

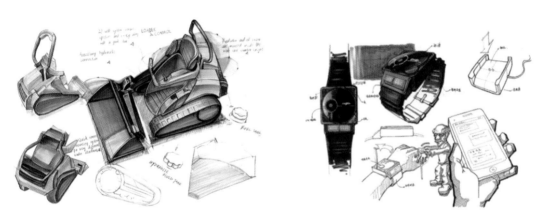

图2-46　产品手绘功能分析图

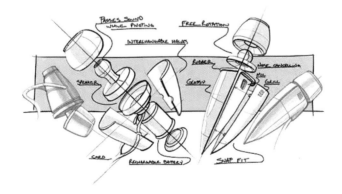

图2-47　设计分析展开图

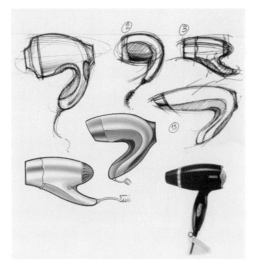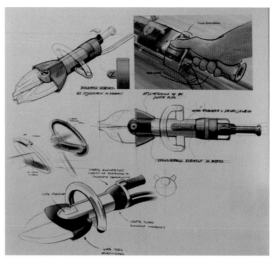

图2-48　形态构思与功能设计分析图

本节重点

学习和了解手绘创意草图和设计效果图的具体流程，包括前期准备、创意构思、设计定案及设计审核等步骤，同时也要掌握每个阶段手绘创意图和设计效果图的方法与技巧。

本节练习

1. 以你身边熟悉的日用品为例，分析其需要改进的地方，然后改良设计方法，画出你想要的形态草图，可以画几十种方案。

2. 根据改良设计后的方案，说说你的设计改进理由。

2.2.6　产品的色彩与材质表现

产品设计中的色彩与产品的质感、功能紧密相关，有其独特性，是根据所要表现产品的不同材质来考虑的，并在效果表现上采用不同的表现技法去实现的。这与绘画或者平面设计中的色彩有着本质不同。

1. 产品的色彩特征

色彩是产品给人的第一印象，而这一印象就是产品色彩的性格特征。在不同的材质下运用相同的色彩，其效果是不同的；在不同的环境下使用的色彩也是不同的；面对不同的消费群体使用的产品，其色彩语义也是不同的；不同性质的产品也需要有不同的色彩。所以，设计师在设计中要综合考虑到这些不同要素集合后的效果表现，同时产品的设计还要考虑企业的标识性和企业的形象色彩等。

(1)红色的色彩性格。由于红色容易引起人们注意，所以在人类各种实践活动中也被广泛地利用，除了具有较强的视觉冲击力和明视效果之外，还被用来传达有活力、积极、热忱、温暖等含义的企业形象与精神，另外红色也常用来作为警告、危险、禁止、防火等标示用色，人们在一些场合或物品上看到红色标示时，常不必仔细看内容，即能了解警告危险之意。在产品的色彩设计上，红色也可起到醒目、彰显个性的独特作用，如图2-49所示。

大红	桃红	砖红	玫瑰红

图2-49　红色材质的表现

(2) 橙色的色彩性格。橙色明视度较高，在工业安全用色中，橙色即警戒色，如火车头、登山服装、背包、救生衣等。由于橙色非常明亮刺眼，应用在产品上，往往占的比例很少，以起到警示作用，或者与稳重的色彩结合用在小型产品上，如图2-50所示。还有一些预示安全警示的大型设备上也常采用橙色或黄色等，要注意选择搭配的色彩和表现方式，才能把橙色明亮、活泼、具有醒目作用的特性发挥出来。

鲜橙	橘橙	朱橙	香吉士

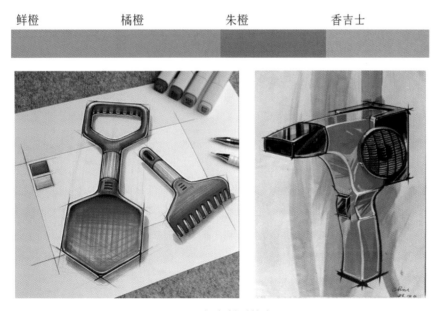

图2-50　橙色材质的表现

(3) 黄色的色彩性格。黄色明度较高，如图2-51所示，在工业安全用色中，黄色、橙色是警告危险色，常用来警告危险或提醒注意，如交通号志上的黄灯、工程用的大型机器等。

大黄	柠檬黄	柳丁黄	米黄

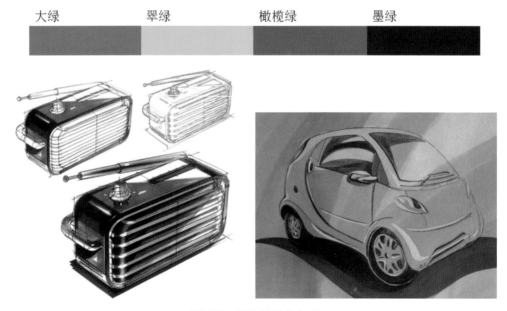

图2-51　黄色材质的表现

(4) 绿色的色彩性格。在产品设计中，绿色传达的是清爽、理想、希望、生长的意象，符合服务业、卫生保健业的诉求，如图 2-52 所示。在工厂中，为了避免操作机械时产生眼睛疲劳，许多机械的颜色也采用绿色。一般医疗机构的应用设备，以及趣味性的产品也常采用绿色。

大绿	翠绿	橄榄绿	墨绿

图2-52　绿色材质的表现

(5) 蓝色的色彩性格。由于蓝色沉稳的特性，具有理智、准确的意象，在商业设计中，强调科技、效率的商品或企业形象，大多选用蓝色作为标准色、企业色，如计算机、摩托车、影印机、摄影器材等，如图 2-53 所示。另外蓝色也代表忧郁，这是受西方文化的影响，这个意象也运用在文学作品或具有感性诉求的商业设计中。

大蓝	天蓝	水蓝	深蓝

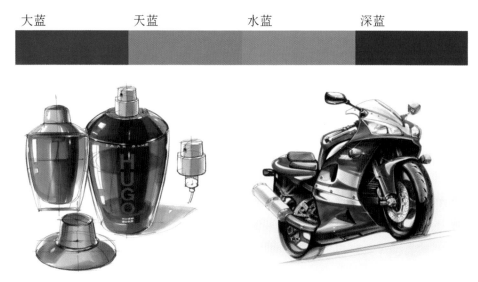

图2-53 蓝色材质的表现

(6) 紫色的色彩性格。紫色(见图2-54)由于具有强烈的女性化性格特征，在产品设计用色中受到限制，除了和女性有关的商品或企业形象之外，其他类型的设计不常采用紫色为主色。

大紫	贵族紫	葡萄酒紫	深紫

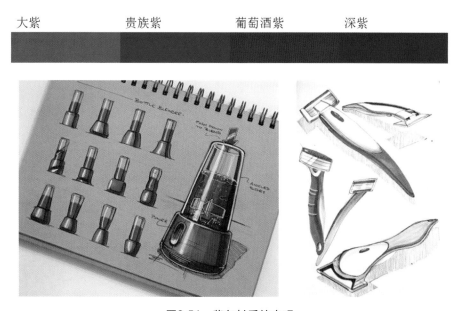

图2-54 紫色材质的表现

(7) 褐色的色彩性格。褐色(见图2-55)在产品设计上，通常用来表现原始材料的质感，如麻、木材、竹片、软木等；或用来突出某些饮品原料的色泽及味感，如咖啡、茶用具类等；或强调格调古典、优雅的车体内饰等。

茶色	可可色	麦芽色	原木色

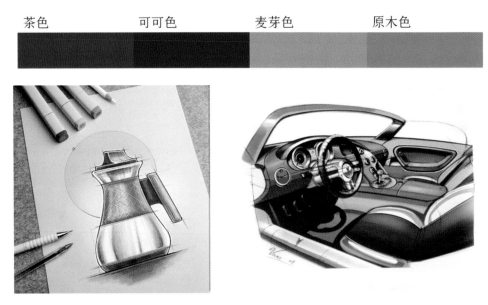

图2-55　褐色材质的表现

(8) 黑色的色彩性格。黑色 (见图 2-56) 在产品设计中，具有高贵、稳重、科技的意象，是许多科技产品的用色，如电视、跑车、摄影机、音响、仪器等，大多采用黑色。

图2-56　黑色材质的表现

(9) 灰色的色彩性格。灰色 (见图 2-57) 在产品设计中，具有柔和、高雅的意象，而且属于中间色彩，男女皆能接受，所以灰色也是永远流行的主要颜色。在许多高科技产品 (尤其是和金属材料有关的产品) 中，几乎都采用灰色来传达高级、科技的形象。

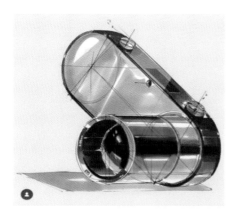

图2-57　灰色材质的表现

2. 不同材质的性格

(1) 钢材等金属材质——坚硬、沉重。

(2) 铝材——华丽、轻快。

(3) 铜——厚重、高档。

(4) 塑料——轻盈。

(5) 木材——朴素、真挚。

这方面并不是固定不变的，还要靠我们在实际应用中不断地总结，善于运用材质的性格，为塑造优质产品打下基础。

3. 产品材料的表现

(1) 强反光材料。强反光材料包括不锈钢、镜面材料、电镀材料等，受环境影响较多，在不同的环境中可以呈现不同的明暗变化，如图 2-58 所示。强反光材料的特点主要是明暗过渡比较强烈，高光处可以留白不画，同时加重暗部处理。绘制强反光材料笔触应整齐平整，线条有力，必要时可在高光处显现少许彩色，使画面更加生动传神。

图2-58　不锈钢材质的表现

(2) 半反光材料。半反光材料以塑料类材料为主，其表面给人的感觉较为温和，如图 2-59 所示。半反光材料明暗反差没有金属材料那么强烈，表现时应注意它的黑白灰对比较为柔和，反光较金属弱。

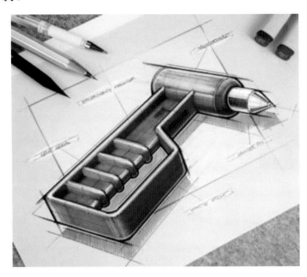

图2-59　半反光材质的表现

(3) 反光且透光材料。反光且透光材料包括玻璃、透明塑料、有机玻璃等。这类材料的特点是可以反光和折射光，光感变化丰富，而透光是其主要特点，表现时可直接借助环境底色，画出产品的形状和厚度，强调物体轮廓与光影变化，要强调高光，注意处理反光部分，尤其要注意描绘出物体内部的透明线和零部件，以表现出透明的特点，如图 2-60 和图 2-61 所示。

图2-60　塑料材质的表现　　　　　　　　　　图2-61　玻璃材质的表现

(4) 不反光也不透光材料。不反光也不透光材料可分为软质材料和硬质材料两种：①软质材料主要有织物、海绵、皮革制品等；②硬质材料主要有木材、亚光塑料、石材等。它们的共性是吸光均匀、不反光，且表面均有体现材料特点的纹理，在表现软质材料时，着色应均匀、湿润，线条要流畅，明暗对比柔和，避免用坚硬的线条，不能过分强调高光，在表现硬质材料时，描绘应块面分明，结构清晰，线条挺拔、明确，如木材可以用枯笔来突出纹理效果，如图 2-62 和图 2-63 所示。

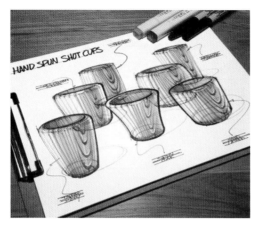

图2-62 粗木料材质的表现

图2-63 细木料材质的表现(古芸琪)

本章小结

手绘表现技法的学习，应先了解并掌握绘图工具的使用方法和材料性能，还要知晓一定的透视知识和透视原理，并能运用这些知识和表现方法将头脑中对产品的设计构思通过产品预想图表达出来。这些设计表现的过程是训练我们对工具、材料了解和熟练应用的过程，同时了解和掌握产品设计创意的程序和方法也是画好产品设计图的必要能力，否则，再好的构思也无法表现出来。最后还要较好地运用色彩知识和表现技法，准确地表现出产品的外观形态、结构、材质及品质，使学生得到从基础练习到最终产品真实再现的能力训练。

思考练习

1. 手绘表现的常用工具有哪些?
2. 简要说明平行透视、成角透视的基本原理?
3. 创意草图与设计分析具体可分为哪几个阶段?
4. 色彩的三要素包括哪些? 它们在产品手绘表现效果图上有什么作用?

实训课堂

1. 找一张产品照片或一个产品实物，准备一张A4纸张，运用铅笔工具将该产品的三维透视图线稿表现出来，注意从产品的整体到局部，每一个细节的结构都要表现得清晰并准确。
2. 尝试用透明水色或马克笔将该产品的色彩、材质表现出来。

3. 采用钢笔或中性水笔徒手画出该产品的三维透视图。

4. 采用不同的表现色彩工具表现该产品的视觉效果。

从现有的产品中，找出1～2种产品，分析该产品的色彩组合在手绘效果图上所呈现的明度、色相及色性变化规律，分析色彩同一色相在设计效果图中的不同作用。

第**3**章

设计速写训练

学习要点及目标

● 学好设计速写、设计素描等手绘表现知识和表现技法，运用手绘工具完成设计效果图前期的单色线描表现图。

● 培养学生设计构想和快速捕捉、快速表现产品形态的能力，掌握在二维空间中表现三维立体产品形态的能力。

本章导读

设计速写手绘表现

如图3-1所示，这是一款应用设计速写表现的小型发电机改良设计案例，要求图中新发电机外观造型设计在保持底部原有形体不改变的前提下，通过设计速写的线描草图表现完成对发动机上部形态结构的优化设计。应用设计线描速写和马克笔是最佳的设计构思表现形式，以设计速写形式对发动机的上部造型进行了多个方案的构思，线条流畅、轮廓准确、结构合理，展示了发动机设计造型所具有的视觉美感和空间存在感。该案例注重局部细节的刻画和整体协调的统一，这也是这幅作品的最佳之处。

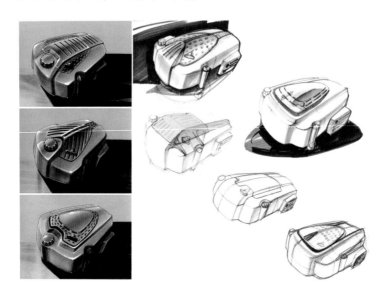

图3-1　发动机改良设计手绘稿

电吹风仿生设计

电吹风是我们生活中经常使用的小家电产品。电吹风的外观设计除满足使用方便、手感舒适功能外，设计上追求造型的美观，简约、灵动的审美要素是设计师必须思考的问题。如图3-2所示的这款外观优美、富有动感的电吹风设计，其灵感来源于对海豚外部形态启发的仿生设计。该电吹风外形是在满足功能需求的基础上，追求外观的曲面流线造型，如海豚一样的可爱形态设计，需要设计师深厚的速写表现功底。图3-2(b)展示的是电吹风的构思草图，这些草图也是对仿生形态的极佳表现。设计师以拟人化的设计手法，将机械产品表现得栩栩如生，他们的设计来源于对动物的感受，不仅能充分地表现海豚形态的起伏转折关系，同时也能较好地表达出电吹风在造型上对形态及质感的表现。

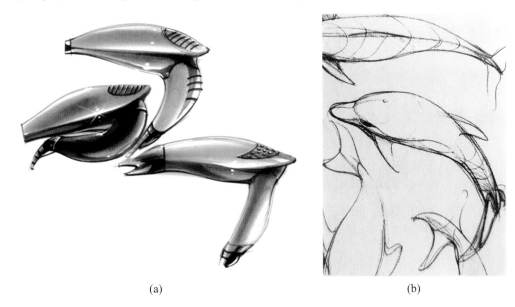

(a)　　　　　　　　　　　　　　　　　　　(b)

图3-2　电吹风的仿生设计及草图

此类产品具有特定的使用场景，同时产品的各部分形态结构是设计速写表现上不可忽视的部分，在主体物的表达时，重点通过使用界面、人机关系等对产品进行深入刻画，达到改良优化设计的预期效果。优秀的设计表现除了需要设计者对形态有充分的理解之外，也反映出对笔触的提炼和表达，深浅、粗细笔触的组合营造出面与面的过渡，同时也反映出产品光亮表面的特有质感。

3.1　产品设计速写

在产品效果图艺术表现中，设计速写是产品造型设计和积累设计素材的重要基础，每件手绘效果图作品都有大量的设计速写在支撑，设计速写是用来记录设计师工作的每个步骤和每个阶段的。随着科学技术的不断发展，辅助设计的工具和方法也越来越科技化，如计算机、数码照相机、摄像机等，并且应用也很普遍。

3.1.1　产品设计速写的含义

产品设计速写是根据工业产品造型设计的特点及需要，采用一种快速、简捷、准确的表现产品外观形象的基本技法。它是记录产品外观造型形象的表现手法，展现设计师造型设计构思的一种手段，也是设计师从事对产品的开发、创意、构思设计的必要环节。

　　设计速写虽然是设计中的传统辅助手段，但它仍然在艺术设计中起着不可替代的作用。学生通过设计速写的学习，可以训练他们在平面、立体方面的形象思维和逻辑思维的能力，在设计构思中整理纷乱的头绪，深入推敲细节，对拓展新的设计语言也是很有益处的。设计速写是从绘画基础过渡到设计基础的绘画形式，在产品设计效果图的表现上是非常必要的基础方法。在设计速写学习中，通过具体的产品课题设计，使学生在线描速写 (见图 3-3 和图 3-4)、素描速写、块面速写的训练中掌握设计速写在产品创意构思和表现上的能力，同时为今后的产品效果图设计表现打下良好的基础。

图3-3　单线手绘汽车线描图

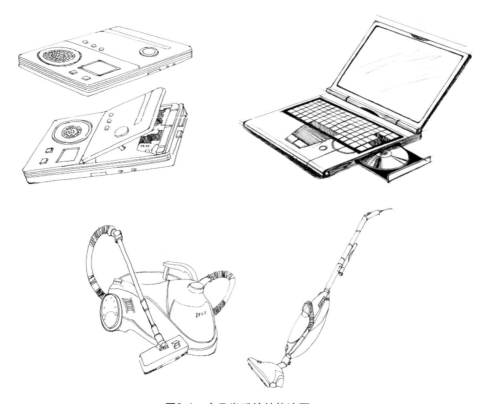

图3-4　产品类手绘结构速写

通过设计速写还可以归纳、分析创意产品的外观及内部结构上的设计建议，使设计构思的产品方案更趋于完美。

3.1.2　设计速写在效果图表现上的作用

设计速写 (见图 3-5) 可以快速记录产品形象和收集相关产品的资料，用概括的方式记录描绘优秀的设计案例和好的产品形体构造，是积累大量设计素材的很好的方法之一。

设计速写是产品手绘效果图表现的基础，是表达产品"形态结构"的最佳途径和手段，如图 3-6 和图 3-7 所示；产品效果图中的构图、轮廓、结构、线条、虚实、协调等问题都需要在设计速写表现中解决和完成，可以说，设计速写是学生表达设计构思的最好语言。

设计速写是一种简洁、概括性极强的设计语言，学生掌握了这种表现技法和能力，可以提高学生在设计上的艺术修养，好的手绘表现作品是作者自身素质的综合表现，尤其是审美情趣的表现。

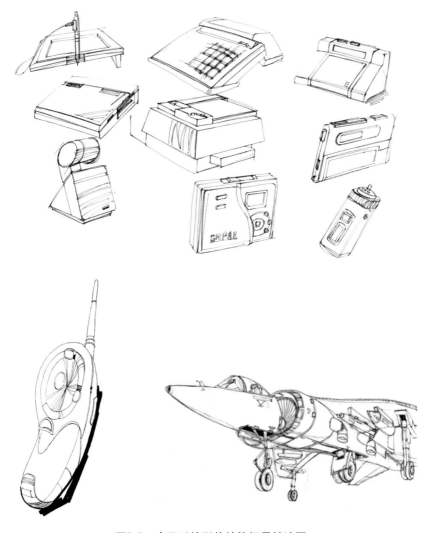

图3-5　产品手绘形体结构记录性速写

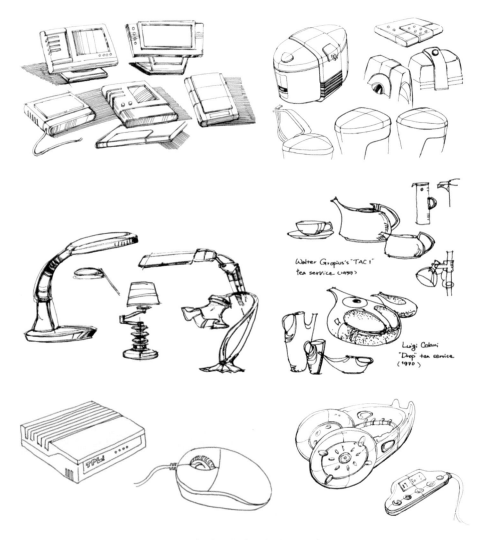

图3-6 各种形态产品创意表现速写

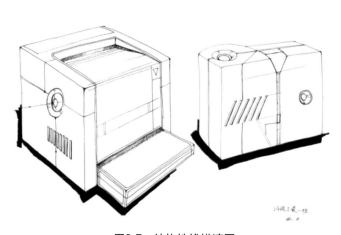

图3-7 结构性线描速写

3.1.3 设计速写的多种表现形式

1. 钢笔设计速写表现

钢笔画速写是设计师采用比较多的表现工具,因为钢笔绘画工具简单,携带方便,绘制方便,轮廓分明,具有刚劲简洁的气质,可以随时练习、写生、记录,甚至在现场也可以勾画设计展开创意,故钢笔表现有其他画笔无法与之媲美的特点,这也是钢笔画被设计师广泛采用的原因之一。同时,钢笔徒手画和速写能力是衡量一个设计人员水平高低的重要标准之一。

2. 铅笔设计速写表现

铅笔设计速写较钢笔设计速写灵活。首先,铅笔设计速写的线条运用和深浅的把握范围比较宽泛,可以立峰用笔,也可以侧峰用笔,用力的大小在纸面上产生的深浅、虚实、轻重、强弱效果也不同,如图3-8所示。设计师在构思创意设计方案时,应用铅笔这一手绘工具还是比较便捷的,它具有可以随时构思草图、记录产品、对物写生等优点,尤其在方案的设计初期,设计创意草图会经过多次推敲、调整、修改、评判才能达成被大家共识而确立的最终方案草稿。而铅笔构思的设计速写线稿大多被设计师所应用,因为铅笔稿具有可以随时反复涂改,且线条表现上的多样性和丰富的层次再现优势,这些也是其他工具无法替代的特殊之处。铅笔的这些表现方式给了设计师较多的思考、比较和分析的创意绘图空间。

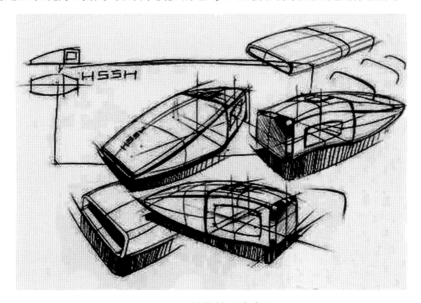

图3-8　结构性设计速写

我们学习铅笔手绘设计速写,也是因为其具有的特点和优势,更便于学生在手绘表现的初级阶段更好地练习和掌握,并能从中体会铅笔线条表现的多样性及铅笔线条具有的丰富魅力。引导学生用线来表现产品三维空间上的设计欲望(见图3-9),并为今后的专业设计表现和创意绘制各种设计效果图打下坚实的设计速写表现基础。

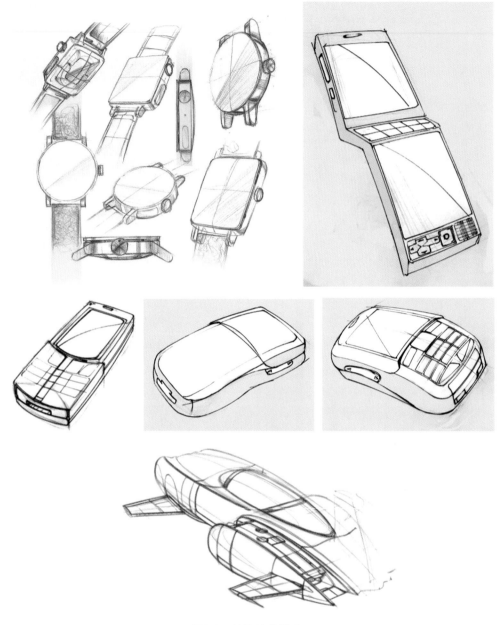

图3-9 结构性线描速写

本节重点

运用工具表现产品的形体结构和透视关系，熟练掌握设计速写的用线。

本节练习

1.叙述设计速写的概念，及其在效果图表现上的作用。

2.用铅笔、中性水笔各完成一张设计速写产品作业，要求用线流畅，整体关系正确。

3.2　线描是设计速写的主要造型手段

　　线条是设计速写中最主要的表现方式，设计速写呈现的线条风格各异，样式繁杂。由于使用工具不同，线条表现也各具特色：铅笔、炭笔的用线有虚实、深浅变化；毛笔的用线有粗细、浓淡变化；钢笔最单纯，用线深浅粗细一样。由于使用工具不同，我们看到的设计速写用线，有的线刚健，有的线柔弱，有的线拙笨，有的线流畅；有的线注重素描关系，以粗、实、重突出产品的结构特征，有的线则以细、虚、轻表现精巧的产品细节。线的表现是值得我们在训练中慢慢体会的。不论采用什么技法的线条，在产品设计速写中，线都是塑造产品形体空间的主要表现元素。所以，我们要在今后的学习训练中需要反复体会磨炼，做到得心应手。

　　对线条的理解和训练是画好设计速写的关键一步，前面章节里已经讲过了线的分类和线在设计表现中的重要性。手绘产品效果图表现最关键的就是如何在设计速写中打好产品结构的造型基础，这些基础的掌握，需要我们通过在训练中对线的熟练掌握来实现，只有表现技法熟练掌握后，我们才能在今后的产品效果图设计表现中做到得心应手。

3.2.1　表现立体空间感

　　徒手画线是最基本的表达语汇，不同的工具有着不同的特点和技法。这也是初学者首先要训练的"形准"，这是一切绘画和造型的基本点，只有把握产品的基本形体结构特征，才能进一步深入地刻画。

3.2.2　塑造产品形态

　　在二维的画面上运用透视规律，通过笔触、线条、明暗等语汇把产品的结构和形态表现好 (见图 3-10)，使所要表现的产品形态具有真实结构感和空间感。

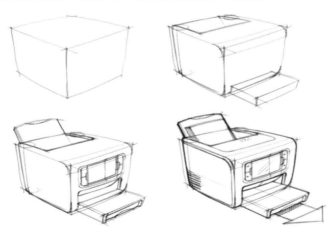

图3-10　产品形态的塑造方法

　　在掌握基本造型能力的前提下，我们提倡设计速写中线条的自由运用：首先，我们要学会提炼产品中的线条，学会运用线条表现产品的基本形态，并逐步深入刻画；其次，我们还可以通过对线条的灵活运用，来表达物体的不同形态特征与质感，体现线描在产品设计表达中的艺术性和趣味性。

3.2.3 线描速写训练

(1) 正方体、长方体组合练习。首先头脑里要有正方体的形态，按透视原理理解这个正方体所呈现的空间形态，画好正方体的轮廓线和结构线；然后将正方体和长方体组合去画，训练组合形体的设计表现 (见图 3-11)。因为每个产品都是由若干基本几何体组成，因此我们要考虑好两个形体的组合和其透视关系的正确性。

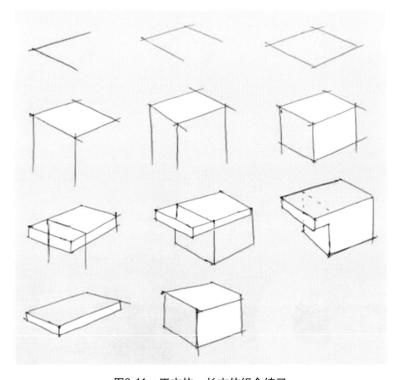

图3-11　正方体、长方体组合练习

(2) 曲线练习。画好曲线相对于直线来说有一些难度，因为我们既要考虑曲线表现的流畅性，还要使其满足曲面的正确透视。平时我们要加强直线、曲线技法的训练，把握好线条的疏密排列，掌握直线与曲线的结合、曲线与曲线的结合，使其在塑造产品直面、曲面的结构变化中更能展现产品的特性，如图 3-12 所示。

(3) 物体线描练习。用心观察被画物体的外轮廓，感受它的构图，感受它表面呈现的外形及内在结构的比例关系。练习时，先用浅色的线条勾勒出它的外轮廓，然后再找准各部分的比例位置，在反复比较、认真观察中逐步深入完成，如图 3-13 所示。在画的过程中尽量保持画面结构的整体比例的正确性，开始练习时尽量选择一些结构比较清晰的物体来练习。

图3-12　以线为主的设计表现

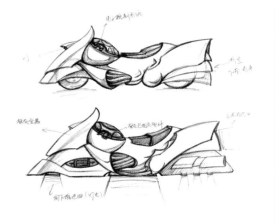

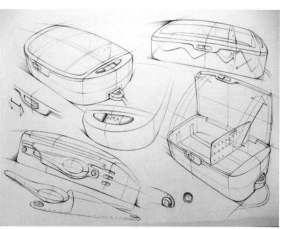

图3-13　铅笔表现的产品设计速写

3.2.4 汽车草图的训练

在所有的工业产品中，汽车是我们接触较多的交通产品，它的外观呈现的曲直和谐统一的造型特征，蕴含着时代的设计美感。表现汽车造型的技法和工具有很多，常用的工具有铅笔、钢笔、马克笔或者水色颜料等。准确表达汽车线描难度相对较大，因为它大角度的透视，以及众多曲面的组合，对于初学者有时不好把握，不是形画不准就是透视处理不好，或者车轮与车身不协调。如何画好汽车的线描稿，关键在于采取什么方法，如果掌握了正确的表现方法，就变得相对容易起来。下面运用铅笔来完成小型汽车的线描表现。

首先，我们分步骤介绍汽车的表现方法，要对小汽车的基本结构有个概括的认识。

(1) 从整体分析和归纳车的外形构造，首先我们要学会搭骨架，就是将小汽车大致分为车顶、车身、车轮等多个部分，如图3-14所示。每一部分都是一个简单的几何形体，汽车复杂的形体骨架就是由无数小的几何形体组合而成的，要将所有的形体组合在一起，并正确把握其透视关系。

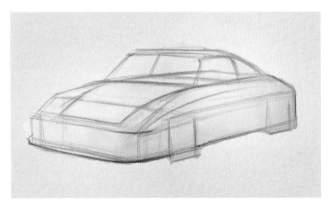

图3-14 从几何形体把握汽车的外形构造

(2) 通过上一步的反复训练，加上我们对车身的观察，我们对车的基本形态就有了大体的了解，接下来我们可以把每个形体逐步过渡到带有曲面的形态特征，如图3-15所示。

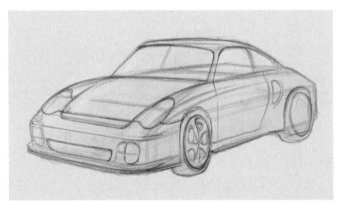

图3-15 深入刻画汽车形态特征

(3) 在完成汽车整体造型表现的大关系后，要进一步考虑对车体各面与面相互关系的刻画，用铅笔画准每个局部的形体结构，画的每个部位透视合理、线条流畅，给人以轻松流畅的美感，如图 3-16 所示。

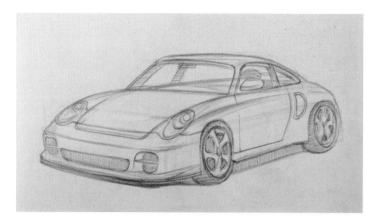

图3-16   以线描方式完成汽车形态的线稿

(4) 从局部到整体再反复深入地刻画和调整。画完整体和细节之后，都要拉开距离认真观察，如果感觉透视不对或有形的偏差或形态没有达到预想的效果，可以再从整体的透视角度比较和调整，直到汽车的形态符合正确的透视规律和功能需求后才算完成了线描稿。

3.2.5 练习从慢写到快写

手绘设计速写的特征之一就是用时间较短、表现方式灵活，能将产品的外部形象和凹凸起伏的结构变化快速地表现出来，它可以训练学生的观察力、表现力、概括力，是一种很好的练习方式。

1. 临摹

开始练习时，可以选择素描纸，素描纸具有一定的厚度和耐磨性，很适合初学者练习使用。初学者可以从慢写开始，先选择对照一幅作品进行临摹。临摹要以结构相对简单、线面表现清晰的作品进行练习，如图 3-17 所示，先从汽车的整体出发，从外轮廓起形、找准产品比例及结构关系，开始练习不要怕画得不准，熟能生巧，画多了，技能就会增强。然后，再将产品照片对照临摹，临摹时要理解产品的结构变化和透视关系，临摹照片相对于临摹作品要有一些难度，因为照片上产品的结构形态需要我们自己梳理归纳，这也提升了我们的设计表现能力。

图3-17   以线面结合表现汽车形态

2. 写生

这一阶段的练习是对照真实的产品进行写生的。在由简单到复杂的训练中，还要逐步尝试工具和材料的特性以及表现的技法。初学者只要肯努力，保持高度热情、勤学苦练、多动脑筋、方法得当、持之以恒，就一定能画好设计速写，为今后手绘效果图的学习打下坚实的基础。

单线草图表现是设计表现的基础，开始可以采用单线摹写的训练方式，工具可以采用铅笔、钢笔或中性水笔。这些工具相对简单，不必考虑过多的明暗关系。单纯地用线塑造产品的形体是训练手绘表现的基础。单线可以直观地看到所表现的产品形体是否准确，也便于我们调整修改。单线训练可以随时随地进行，比如速写我们身边的水杯、计算器、公文包、手机、笔记本电脑等 (见图3-18 和图3-19)。对于刚接触单线线描的学生来说,选择相对简单的形体，反复地多练多思考，也是便于在学习中循序渐进不断提高的最有效的方法。

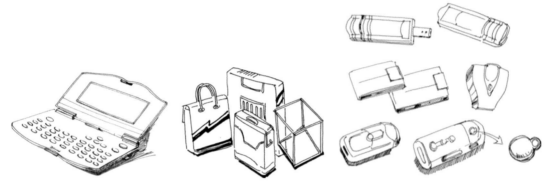

图3-18　电子类产品手绘线描

图3-19　笔记本电脑手绘线描

3. 速写

电子类产品的设计速写之所以是表现最多的题材，并不是因为这类产品简单，也不表示可以发挥的空间小，有时候看似简单的产品，在设计者的用心设计下，往往也能产生极好的效果，如笔记本电脑的按键处理，就要体现出细节设计的完美。产品设计速写要求用笔洗练、概括，形体透视准确，体积感与质感强，这都是我们最终要掌握的主要技能。

设计速写是提升我们审美表现能力的开始，对每一件产品审美能力的提高，对产品敏锐的观察和表现能力的获得，都是要经过长期的写生和默写训练。从慢写到快写，从简单到复杂，认真观察产品中每一个复杂结构的细节表现，做到笔不离手，经常性地临摹或速写写生创意，就一定会大有收获，如图3-20所示。

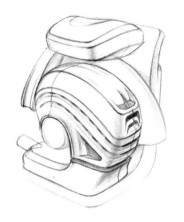

4.临摹图片

根据图片上汽车的形态，如何应用线描速写形式将汽车的外观形体较好地表现出来？首先，我们要对汽车图片进行认真观察、分析，感悟其空间存在的形态特征，思考怎样的构图形式才能体现汽车的动势。如图3-21所示，将车体看成是一个曲面的半椭圆状，先从顶部开始，然后再画车体部位。

图3-20 深入刻画每个细节结构

将图3-22所示的车体看作是由大小两个矩形体积组合的形体，摹写的每一笔都要兼顾车体的形、体比例，注意用线的流畅，关注整体的透视关系，每一局部都要和整体的结构、形态相统一，把握好汽车的轮廓和结构关系，在处理好整体关系的同时，注意刻画好局部的细节，使局部和整体、轮廓和结构的关系都符合视觉效果。

图3-21 钢笔单线临摹汽车的流线曲面

图3-22 单色表现汽车形态效果

5.钢笔线描

钢笔线描的重点是在开始绘画前，要在心里对该产品的外部结构和透视关系做到心中有数，下笔前尽量做到成竹在胸，避免过多的废笔。经过多次练习，就会逐渐掌握钢笔线描的表现方法。如图3-23～图3-25所示，钢笔在塑造产品的形体结构时，有时一笔或两笔不能表现准确的时候，就需要在比较中重复地画上几笔，开始感觉画面有些乱，线条太复杂，但画多了，就会用尽量少的笔触准确地表现出产品的形体外观和结构起伏变化。

图3-23　汽车的钢笔线描

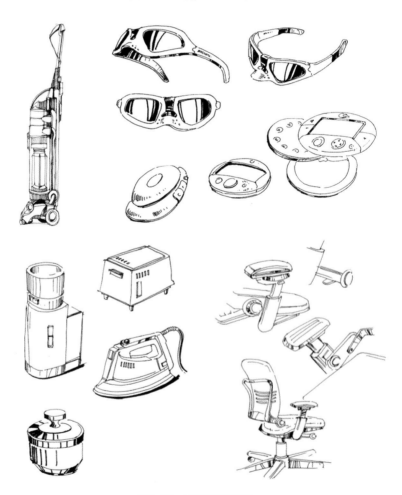

图3-24　钢笔线描作品

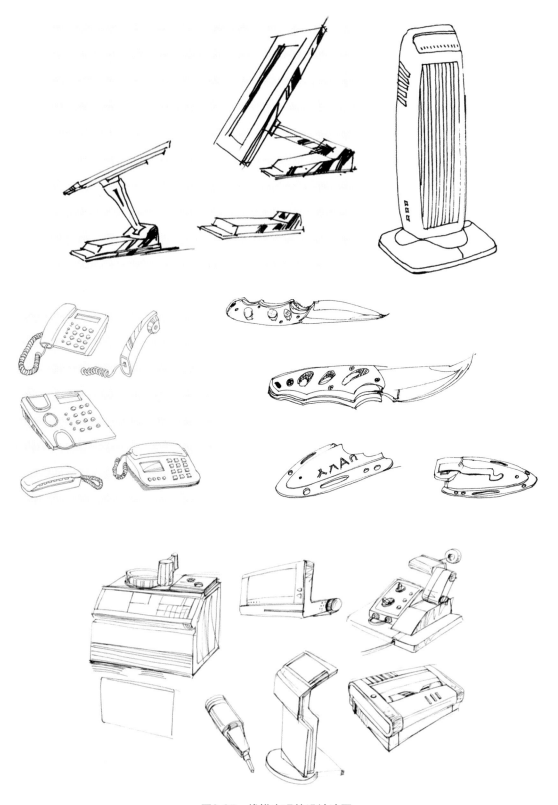

图3-25　线描表现的设计速写

本节重点

1. 以线描形式准确地表现好产品的形体结构和透视关系。
2. 熟练掌握电子类产品的表现步骤和方法。

本节练习

1. 用A4纸画身边的小电子产品(手机、笔记本、吹风机等),用线要连贯、肯定,处理好产品的结构关系。
2. 以线描的形式,直接画图片上较为复杂的产品,如汽车、家电等,要求在处理局部与整体的关系上,透视关系要协调、准确。

3.3 设计素描

3.3.1 以明暗为主的设计素描

运用明暗调子作为表现手段的设计素描,适宜对产品的立体效果进行描绘。其优点是具有强烈的明暗对比立体效果,更好地说明产品的空间结构关系。如图3-26和图3-27所示,明暗设计素描的表现,是通过丰富的色调层次变化,使产品形态更具有生动的直观效果。学生通过明暗形体为主的设计素描训练,可以增强他们对物体空间刻画的主动性,在视觉上构建起对产品形态、比例、结构、透视关系之间相关联的认知和表现能力,尤其在采用点、线结合的方法进行对产品的三维形态的表现上,可以加深学生对产品结构的分析和判断能力、对产品形体观察与感受上的审美表现能力、明暗为主的设计素描训练可以为今后产品效果图空间感的表现打下很好的基础。

图3-26 产品设计素描的明暗表现

图3-27　运动鞋的素描表现

设计素描表现手法，在于它更强调在深入明暗素描表现形体结构上更严谨扎实，由于它用的时间相对于其他几种手绘效果图画法来说比较长，故对学习者的手头功夫要求较高，要求具有严谨认真的学习态度和表现欲望。

3.3.2　常用的明暗表现方法

常用的明暗表现方法有以下三种。

(1) 用密集的线条排列，可以画得更准确；用涂擦块面表现，可以画得更生动、鲜明。

(2) 用密集的线条和块面相结合表现，能兼顾两者之长。

(3) 用毛笔蘸墨汁大面积地涂抹，可以获得浓淡、深浅变化。

本节重点

1. 注重所要表现的产品其整体和局部的结构和明暗关系是否协调统一，注重对产品的结构和透视关系的理解和表现上的准确。

2. 强调画面的明暗对比，忌黑白灰暗层次不分明，黑白既要有对比，又要讲究呼应，黑白灰的处理要以结构的刻画为基础，要注意疏密相间，同时忌毫无联系，黑白要讲究韵律，要注意起伏变化的节奏，忌呆板不生动。

本节练习

1. 用点、线、面结合的明暗素描法，画1～2幅个人感兴趣的产品，要求产品的明暗结构关系准确，对比中体现层次感。

2. 对照照片摹写一幅较为复杂的交通工具作品，要求其整体和局部的透视及结构关系准确无误。

3.4　结构素描的表现

结构素描是通过对产品的形体结构进行观察、研究、理解并实现表现的一种方法，是强调用线条来刻画产品的形体结构。这种表现方法也可称为结构表现素描，如图 3-28 ～图 3-30所示。结构素描是注重表现结构特征的一种设计绘画技法，其表现特点是以线条为主要的表现手段，而不是过分地追求光影所形成的黑白灰和多个层次的表现，强调的是产品结构特征的再现，是注重对产品构件组合的分析和推理。结构素描适宜在表现中强调对产品自身结构本质的刻画，是通过设计者的观察、分析、归纳，最终以测量和推理相结合的方法，运用科学的透视原理，客观地表现我们所看到的外部和内部结构的组合及变化的描绘。这种表现方法更注重科学分析、严谨推理、理性思考，可以忽略物象的光影、质感、色彩和明暗关系等要素的存在，更注重强调产品的复杂体面和结构关系，主要通过轮廓线和结构线呈现出产品构造的组合连接。

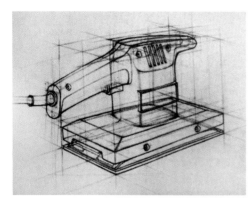 

图3-28　产品结构素描表现　　　　　图3-29　汽车形态的结构素描表现

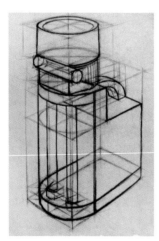 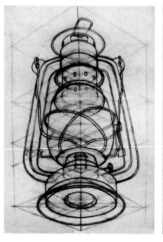 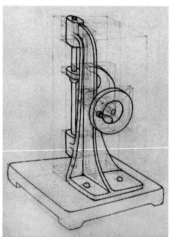

图3-30　不同形态的结构素描表现

产品结构素描的训练方法主要有以下两点。

1. 重整体

在结构素描表现过程中，重整体是表现对象整体形态结构的关键，不能只顾局部的细微刻画，而忽视了整体的比例关系，那会导致整体的不协调、不准确，所以，在表现上，要大处着眼、小处着手，要时刻在局部和整体的比较中，逐步完成，如图3-31所示。

(1) 注重整体观察的训练，如图3-32所示，把眼前的产品永远看成是有多个构件组合成的一个复杂整体，表现好每一个局部是在关注整体后的行为，要分清主次和前后关系，用立体的眼光去观察和表现。

(2) 注重整体透视关系的正确，合理正确的透视关系会提升作品的表现力，如果透视关系不正确，即使产品结构素描关系画得再好，线条画得再优美，结构起伏再有空间感，只要透视关系不正确，所有的表现都是徒劳，因为透视不正确，也就导致产品的结构、形态不正确。

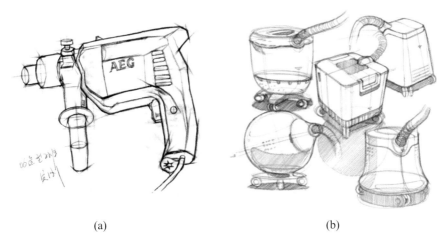

(a)   (b)

图3-31   结构素描练习(1)

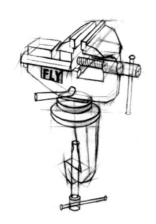

图3-32   结构素描练习(2)

2. 重理解

理解就是仔细观察后的分析和感悟，面对一幅产品结构素描，要理解它的空间存在形态，理解该产品在透视后的形态特征和结构变化，理解该产品是由哪些简单的构件组合而成的复杂产品构件。分析理解后，我们就会有的放矢地主动表现，达到预期的目标。

本节重点

1. 运用好透视原理表现好产品整体和局部的形态及结构关系的正确。

2. 强调画面的处理要以结构的刻画为基础，要注意局部结构之间的联系，要注意线条运用的虚实、深浅的变化，忌线条呆板不生动。

本节练习

1. 临摹一幅产品结构素描作品，确保整体和局部结构关系表现得准确，形态空间视觉感舒服。

2. 运用轮廓线、结构线完成2～3幅产品的结构素描作业，要求整体和局部的透视关系处理正确。

3.5 线面结合的表现

用线面结合的方法来表现对象，一般是亮面边缘处线条细硬，虚的地方线条粗且轻。同时，在结构大的转折处辅助以面积不同的明暗来加强体积 (见图 3-33)。在许多产品设计草图的表现上，由于表现手法对比强烈，在设计方案的论证过程中这种画法常常会被关注到。线面结合的表现具有较强的视觉冲击力，更能表现产品的形体结构。设计师一般在设计草图分析上使用较多。线面结合的表现方法要比单纯以线表达的效果更具有真实性和视觉感染力。

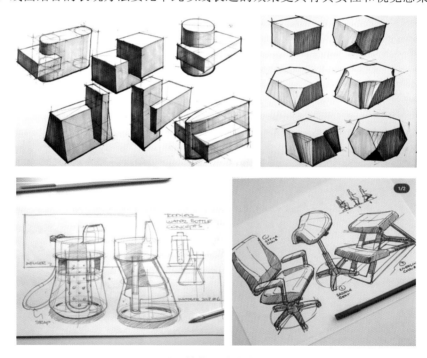

图3-33　注重体块明暗的线面结合表现

用线面结合表现产品的形态，关键要抓住产品重点结构的转折面。初学者有时会不进行分析就选择照抄深浅的明暗调子，这会导致产品表现图的色调、轻重、虚实、主次等有时不分明，解决的方式就是在把握产品结构的基础上，强调结构明暗面的对比，受光面用线表达，暗面采用深灰色或者黑色加以强调，突出产品的空间感，如图 3-34 所示。

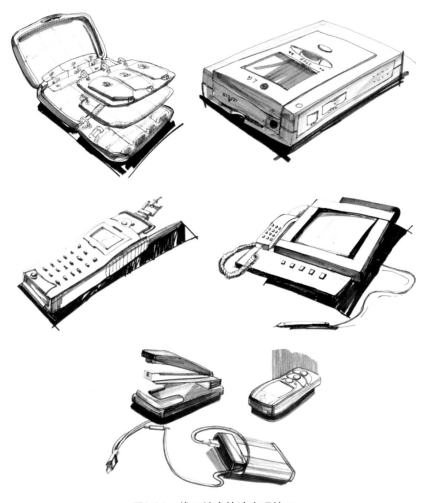

图3-34　线面结合快速表现练习

本节重点

1. 让学生把握好产品的形体特征，增强体、面的表现意识，防止线、面分家。
2. 可适当地减弱物体由光而引起的明暗变化，适当地强调物体本身的组织结构关系。

本节练习

1. 采用线、面结合的方法，临摹1~2幅产品作品，体会其表现的技法特征。
2. 选择产品进行线面结合的写生训练，重点突出，结构及透视关系正确，具有较强的空间感。

素描明暗技法，是塑造产品写实效果的表现方法，是表现体积、光影等效果的要素，适合表现设计的综合直观效果，具备真实感，如图 3-35 和图 3-36 所示。这种表现方法还可以较充分地描绘物体在结构上的特点，但是费时较长，可以使用线和大块面的明暗表现以加强产品形态的空间感，从而获得更真实的表现效果。

图3-35　钢笔表现汽车形体结构的练习

图3-36　单色汽车形态写实练习

　　钢笔的表现手法是以线的造型为主，具有快速、简洁、可视性强的特点。钢笔线描速写如图3-37所示。

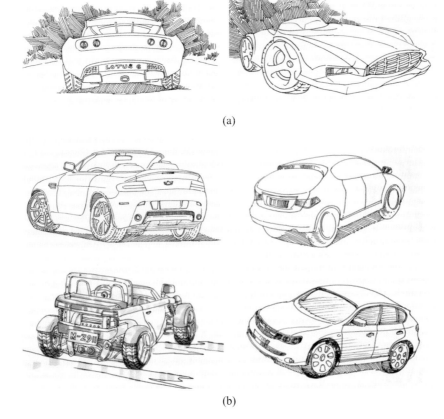

(a)

(b)

图3-37　钢笔线描设计速写

图3-37 钢笔线描设计速写(续1)

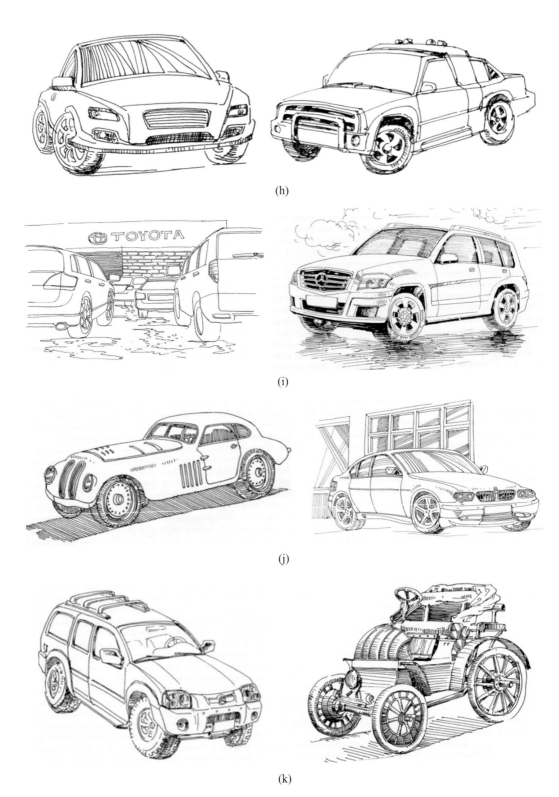

(h)

(i)

(j)

(k)

图3-37　钢笔线描设计速写(续2)

如图 3-38 所示，此组钢笔素描表现采用线面结合的明暗素描表现方法进行汽车的形态摹写。

图3-38　钢笔素描表现——汽车素描作品

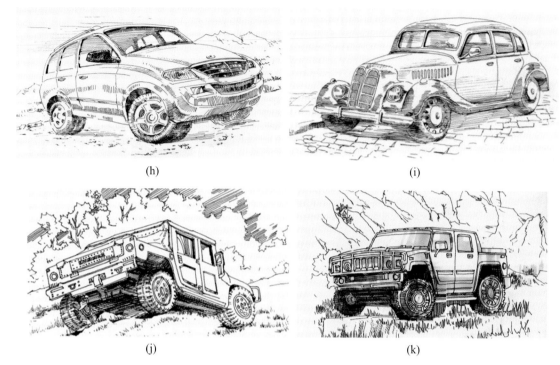

(h)　　　　　　　　　　　　　　　　　(i)

(j)　　　　　　　　　　　　　　　　　(k)

图3-38　钢笔素描表现——汽车素描作品(续)

本章小结

　　通过对本章各种手绘表现技法的知识和技能的学习，能够熟练地应用已有的知识和技能进行产品的手绘黑白稿的表现，能够应用绘图工具完成好设计效果图前期的单色线描表现图。培养学生设计构想和快速捕捉、快速表现产品形态的能力，掌握在二维空间中表现三维立体产品形态的能力。

思考练习

　　1.设计速写的含义是什么？设计速写在效果图表现上的作用是什么？

　　2.设计速写的多种表现方式有哪些？

　　3.结构素描和线面结合表现技法有哪些不同？各自的特征、优势有哪些？

实训课堂

　　依据产品线描设计速写的各种表现技法规律，分析、思考优秀案例是如何运用透视规律准确把握产品空间形态，概括表现产品特征品质的。在临摹优秀作品的基础上，借助产品图片资料完成以下产品设计速写作业。

(1) 以线描表现技法摹写一幅单色产品线描手绘图。

(2) 以线面结合表现技法，摹写一幅产品形态设计图。

(3) 以结构素描表现技法，摹写一幅产品形体结构设计图。

要求学生运用已掌握产品设计的表现手段和技术技巧，提升手与脑的协调造型能力，启发学生空间想象力，从设计表现这一层面增强学生对设计的理解和再认识。

第 **4** 章

产品手绘效果图表现

学习要点及目标

● 了解产品手绘效果图表现的各种方法和绘图步骤，培养快速捕捉设计灵感、快速表达设计构思的知识技能。

● 熟练运用各种绘图工具，能在二维空间中较好地表现三维产品的形态特征和材质色彩效果。

本章导读

汽车的快速手绘效果表现

图4-1所示是大众汽车的快速手绘效果表现。设计师通过采用精炼、准确的线条，完美地塑造出具有凹凸动感的流体造型，色彩艳丽、虚实相间、技法简捷、生动，概括性极强。除了在设色上给人耳目一新的感受外，交错而流畅的笔触不仅准确清晰地表达出车体表面的质地结构，同时也很巧妙地展现了汽车外部的不同材质效果。从发动机盖到前视窗直至车顶的投射光影看，不规则的椭圆曲面恰到好处地概括了汽车整体的圆弧造型和表面质感。再从汽车侧身的用笔笔触来分析，流畅而富有变化的行笔概括地贯穿了车的侧身，强烈地反映了光亮金属漆面特有的反光效果。

图4-1　大众汽车快速手绘效果表现

写实性手绘效果表现

从图4-2所示的这款汽车的手绘效果图中，我们可看到：较精致的手绘汽车效果图往往更能够真实地展现出汽车较为准确的外观、结构、材质和颜色。手绘的每根线条都画得饱满且有张力，包括曲面的处理也是采用各种方法以达到极致，而且，设计者为了能精准地表达出汽车的更多细节，他们在效果图绘制的过程中，往往对重点细节部分刻画得更加深入细致。绘制中，会借助一些简单的工具进行产品结构、曲面及材质的表现描绘，应用的工具有曲线板直尺、三角板、圆规、圆板等。方案细节深化图是最终产品效果图的基础，即在方案细节深化的基础上才可以绘制出精致和完美的产品效果图。

图4-2 汽车写实效果表现

对汽车的效果表现，一种是概括性的快速表现，另一种是写实性的精致描绘，最终的效果目标都是对产品的设计审美和使用功能的完美再现。虽表现的形式不同，其表现优点在于用线造型的精准、舒畅，外观着色不杂乱，笔色追随结构而不是沉浮于纸上，细节刻画与整体的关系既对立又统一，表现质感鲜明，可以用较少的颜色表现出最丰富的外观效果。

手绘产品效果图表现是产品设计专业的一门专业必修课，通过对该课程的学习，学生可以开展产品设计开发、案例分析和设计实践活动。手绘效果图表现是学生经过专业基础绘画能力训练后所具有的更高表现能力的体现，一幅完美的产品手绘效果图是集合了产品的造型、透视、结构、色彩、质感、空间等诸多因素的和谐统一体，是遵循形式美的法则，实现科学技术与设计艺术的完美统一体。学习该课程可以帮助学生正确地分析所要表达对象的特征和创意感受，同时培养学生逐渐形成个性化的独特思考和创作风格，所以，掌握手绘效果图表现技法这门技能，对学生今后的设计创意实践有很大帮助。

学习手绘产品效果图表现技法，同学们可以从效果图表现基础知识和技能学起，根据自己对不同技法知识和技能的理解和掌握的熟练程度，逐步在学习训练中去体会、去提高。

4.1 手绘效果图表现的基础能力

1. 掌握正确的透视原理

我们在表现一个产品的时候，正确的透视十分重要。首先要理解产品是具有三维空间的结构体，它应该符合科学的透视规律，所以要使效果图真实而准确，就必须正确地将产品的这种透视关系表达出来。大部分产品有较固定的使用状态，并和我们的视线形成稳定的透视关系，所以，在表现产品时，应该选用和实际使用状态类似的视觉角度和位置，这样才能使表现出来的产品具有很强的真实感、空间感，如图4-3所示。

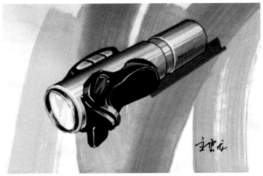

图4-3　背景底色快速表现效果

2. 视角的选择

准确而生动地表现一件产品的形态，选择适合的透视角度去表现是非常关键的，我们应该选择产品具有主要功能且能充分展现产品主要特征的体面进行表现，这样产品的主要功能及具有形式美的构图也就能很好地呈现出来。

3. 产品色彩的应用

随着工业化进程的快速发展，现代化机器生产的产品颜色数不胜数，手绘效果图如何将产品自身的色彩表现充分就显得尤为重要，如图4-4所示。我们如何将色彩的基本特征——色相、明度、纯度很好地应用到效果图表现上，是我们初学者必须掌握和熟练应用的技能，不同的色相、明度和纯度会使观者产生不同的心理变化，因此，在画一张效果图前先要把整个画面的基调确定好。

图4-4　黄色背景底色——汽车的快速表现效果

4. 质感的表现

产品本身不同的部位采用不同的材质，会反映出不同的质感（见图4-5），在手绘效果图表现上，我们表现的方法也是不同的。比如，塑料、喷漆后的物体表面其本身的色彩十分丰富，描绘时应注意其反光程度的差别，而且纯度越高，处理时越应注意环境色和固有色的关系。玻璃、透明有机玻璃通常光洁度高，受光面也会有明显的发光区，透射和反射并存；木材、织物等，刻画的重点应关注材质本身以及其肌理的刻画。

图4-5　质感的表现

5.光影的表现

在效果图表现上，光影的刻画也是手绘表现中很重要的部分，能透光还能反光的玻璃制品，以及不透光而高强反光、不透光而低反光的材料等，在受光条件下都会产生受光面、中间调子、明暗交接线、暗部、反光及阴影等区域，而明暗交界线的刻画往往是需要重点刻画的部分，所以表现好产品与光的关系及所产生的变化对设计图的表现效果至关重要。

我们了解的手绘效果图表现应用技巧有以下几种：专业写实和水彩的快速表现技法、彩色铅笔表现技法、线描淡彩表现技法、色彩渲染表现技法和马克笔快速表现技法，还有应用计算机绘图软件进行的效果图表现。不论哪种技法，都是根据设计和创意的目的、需求和技术要求以及我们自身运用的程度去选择的。每一种技法的学习和掌握，要根据课时的需求和各自的侧重点不同在训练上要有所选择，初学手绘效果图表现技法，首先应该了解和掌握各自的知识点和技能点，在老师的讲解、示范和指导下，同学之间互相交流，加上课上、课下大量地练习，定会在手绘效果表现技法上获得更多的知识和技能。

4.2　线描淡彩表现技法练习

线描淡彩是在钢笔或针管笔完成线稿后，再在线稿上着色的一种效果图表现方法，如图 4-6 所示，常用的色彩为透明水色、水彩色或马克笔等。这种表现技法区别于其他技法的主要特征是线描淡彩施色更简捷、明快、单纯，这种着色方法是起强调画面气氛的作用，因为钢笔或针管笔的线描部分已经完成得很充分了，无需用太多的色彩去塑造形体，只要注重色彩的明快、明暗变化有层次、结构的对比有冷暖，再调整好画面氛围、效果即可。

图4-6　线描淡彩表现的文具

　　线描淡彩的应用对铅笔、钢笔或针管笔稿的要求比其他技法更严格。线描淡彩技法基本上就是在一张完整的铅笔或针管笔画稿上略施颜色，注重对产品的光影、色调、质感、冷暖的表现，所以前期的设计速写训练对于线描淡彩的表现很重要。开始练习时，同学们可以选择适宜的手绘作品进行临摹，在有一定的表现基础能力后，可以尝试用钢笔或中性水笔直接表现，第一次画得不准，就画第二次、第三次，反复练习就会有所提高。同学们可以对照照片进行黑白淡彩的明暗关系训练，如图4-7所示。

图4-7　采用中性水笔临摹照片的黑白淡彩作品

　　线描淡彩表现技法要求颜色的透明性好，不会对线稿有覆盖作用，所以它对草稿的效果有很强的依赖性，如图4-8所示。

(a)   (b)

图4-8　线描施以淡彩的效果

我们以汽车为例，应用水彩颜色完成一幅线描淡彩手绘图表现练习。

第一步，用铅笔起稿，首先定位好汽车在画面上的适宜位置，找准汽车从整体到局部的比例关系，保证各部的轮廓、结构线刻画正确，并要求汽车的线稿透视合理，构图适宜，各部分关系清晰、准确，表现汽车要具有曲面的美感、厚重感、空间感，如图4-9所示。

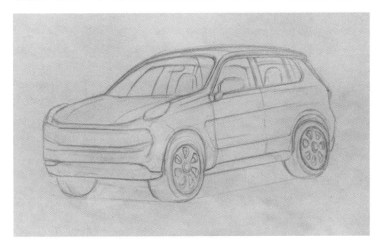

图4-9　汽车铅笔稿

第二步，在完成的线稿上开始进行着色，着色的顺序是先将车窗内的部分画好，然后再画车身外部，如图4-10所示。色彩要根据汽车受光后各部分的明暗递进关系进行由浅到深的着色，色块要明显，渐变的明暗要协调统一，且具有层次感，关键是要较好地表现出汽车具有的体积感与真实感，如图4-11所示。

第三步，在比较中，把握好汽车整体的色调和局部的色彩关系，在关注整体的描绘过程中，注重局部细节的深入刻画，使其空间感更强烈。汽车的表现效果应体现其造型上的动势，车身的色彩质感应体现艺术与技术相结合的时代美感，色彩变化应体现车体的质感，如图4-12所示。

图4-10　汽车黑白稿

图4-11　汽车着色稿

图4-12　汽车线描淡彩完成效果

　　淡彩表现调和的颜色种类也不要过多，混合颜色过多容易使色彩变脏、变灰。这种技法的掌握有一定的难度，需要学生不断地练习和体会，最终才能很好地掌握，如图 4-13 所示。

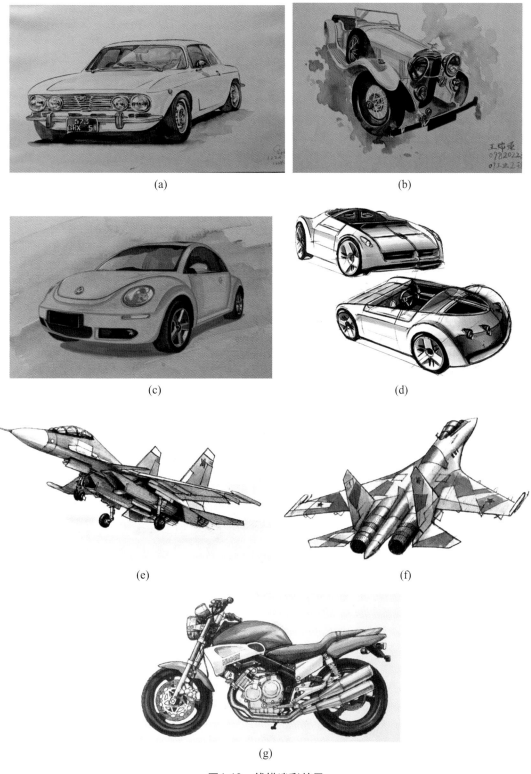

(a)

(b)

(c)

(d)

(e)

(f)

(g)

图4-13 线描淡彩效果

本节重点

淡彩画表现，能充分发挥水色的性能，表现效果柔和润泽，很有感染力，这种湿画法的基本方法是用色需饱满到位，在用湿润的笔触表现时，最好一气呵成，遍数不能过多。水彩表现特点是渗透力强、覆盖力弱，一般两遍，最多三遍。

本节练习

1. 选择一幅线描淡彩作品，用勾线笔完稿，用水彩或透明水色临摹，体会水彩、透明水色表现产品的形态质感。

2. 应用淡彩表现方法对汽车进行写生训练，用勾线笔画出轮廓和结构稿，用水彩着色。

4.3 方便快捷的彩色铅笔表现

彩色铅笔色彩种类较多，具有使用方便、简单、易表现等特点。在进行产品方案构思设计时，可随手表现出多种颜色和线条；在纸面上落笔时的轻重迟缓，对表现产品的形态、质感也会产生不同的图面效果，如图4-14所示。这些都是彩色铅笔具有的表现优势，也是设计师经常使用的原因之一。此外，在与客户沟通交流时，可以直接应用彩色铅笔构思草图。彩色铅笔独具表现上的优势，因而备受设计师青睐。

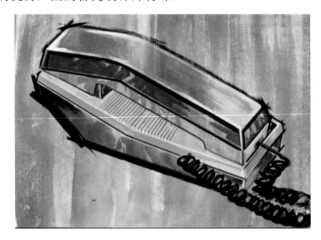

图4-14 彩铅效果

应用彩色铅笔的快速表现方法有以下几种。

(1) 彩色铅笔绘制产品效果图时，可以先用单线草图的方式绘制出产品准确的形态，由于彩色铅笔具有可覆盖性，所以在控制色调时，用中间色调先笼统地画一遍，然后根据产品形体的受光和背光部位逐层上色，如图4-15所示。在着色的环节应考虑到冷暖的变化，可以使用冷色多采用蓝色系列，暖色多采用红色、黄色系列。可以使用冷暖和明度分清各部位所处的层次，并对主要部位细致刻画，重点强调。

(2) 在绘制简单的说明性草图时，用简单的几种不同颜色的笔和轻松、洒脱的线条即可说明产品设计中的用色、氛围及材质。如图4-16所示，有时也可根据产品的整体明暗变化，灵活地改变彩色铅笔的用笔力度，使它的色彩明度和纯度产生变化和对比，这样在一个整体上可以有多个层次的表现效果。

图4-15 彩色铅笔效果

图4-16 说明性草图

(3) 彩色铅笔与马克笔交替使用，也是快速绘制产品设计草图、效果图常用的技法。先用铅笔轻轻地勾勒出产品的整体形态，再用彩色铅笔绘制产品各部位的轮廓和结构关系，之后通过彩色铅笔和马克笔交替使用，表达出所构思的产品效果和车体质感，这种方法多用于草图的构思和对产品的分析推理。也可以在草图上，先用马克笔涂画大的块面形体，然后再用彩色铅笔画好每个细节，如图 4-17 和图 4-18 所示。

选用不同质地的纸张也会对设计图画面产生不同的影响，如果技法运用熟练，用彩色铅笔在较粗糙的纸张上表现，往往能给人一种粗犷、豪爽的感觉；而在细滑的纸上使用彩色铅笔表现又会产生一种细腻柔和之美。总之，在不同的材料上反复练习就会从中找到一种最佳的表现方式。

汽车作为一种特殊的交通工具，它的形态结构由多个曲面的形体组合而成，我们在表现时，应考虑其动势和空间的透视关系。运用彩色铅笔相对比较简单、方便、快捷，能够多层次地摹写，更能深入地表现汽车各部位细节的结构特征，能体现出汽车的动感和厚重空间感。

图4-17 彩色铅笔与马克笔结合使用的表现效果(1)

(a)

(b)

图4-18　彩色铅笔与马克笔结合使用的表现效果(2)

　　彩色铅笔和马克笔交互使用的表现汽车的设计图，如图4-19所示。先在线稿上用彩色铅笔画其受光和背光的部分，然后用马克笔表现好局部细节，深色背景衬托出汽车的形态。

图4-19　彩色铅笔与马克笔结合使用的表现效果(3)

本节重点

彩色铅笔表现需要有扎实的造型功底，运用好色彩的色性和明暗关系是运用好彩色铅笔的关键。

本节练习

1. 运用选择好中间色调的彩色铅笔画出产品的大关系，然后运用同类色或对比色的彩色铅笔表现产品的形体结构。

2. 彩色铅笔和马克笔交互使用，在A4纸上，画出产品的质感和色彩效果，完成2～3幅作品。

4.4 水色写实效果图表现

写实效果图表现是训练学生应用已掌握的专业造型知识对物体描写达到真实可视的一种具象绘画技能。它可以训练学生对产品形体结构及表面质感、颜色刻画的写实表现能力。常用的表现技法有以水为媒介调和的综合表现画法、水彩透明色画法等，这两种画法皆可进行长期和短期的画法练习。水色表现是产品设计效果图的传统表现技法，它可以分为水彩、水粉写实干画法和湿画法两种。它有着其他画法无法比拟的真实效果，具有明快、湿润、水色交融的写实表现魅力。下面主要介绍干画法的表现方法及步骤。

4.4.1 画前准备

先选择好一张水彩纸或素描纸，这两种纸不论选哪种，都采用光滑的一面。首先应将纸用水浸湿润舒展开，纸张的四边最好预留1.5cm左右用来涂抹胶水；然后把纸裱在画板上，纸张在用湿毛巾或笔刷浸湿过程中要保持均匀、适度，装裱后最好等待纸自然干透。裱纸的步骤如图4-20所示。在着色时，有时纸张局部也会出现皱褶，这是因为用水较多的缘故。如果有电吹风，可以轻轻地吹干，待平整了可继续再画，自然干透的纸最理想。纸裱好干透后，在稿纸背面看到产品轮廓的范围用2B或3B号铅笔均匀地涂上一层铅笔色，以此当作复写纸，然后重合放在裱好的画纸上，从正面稍用力把线稿再用铅笔描一遍，使其稿纸的背面线稿拓在裱好的纸面上。为了防止草稿纸和裱好的画纸发生位移，可将其一边用胶带固定在画纸上，使其可以随意翻动而不错位。待正稿起好后，再认真地调整到满意的铅笔稿待画。

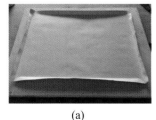
(a)

(b)
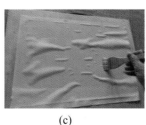
(c)
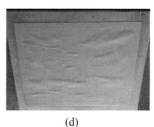
(d)

图4-20　裱纸的步骤

4.4.2 干画法表现的方法

在众多效果图表现技法中，干画法多以水粉画颜料应用居多，这也是效果图写实画法最基本、最主要的方法之一。水粉是一种不透明的色彩颜料，用于产品表现图已有很久的历史，其覆盖力强，可以反复叠加，绘画技法便于掌握。水粉技法的写实效果图表现主要是运用色彩的明暗、冷暖关系，塑造产品的真实形态特征，使学生在训练中能够将基础的绘画知识和技能很好地应用到专业的效果图表现上。这种方法是用小笔触组成画面，需要时间长，要耐心细致地用不同的水粉颜料分层次先后表现。调色要准，色彩关系应符合产品的形体结构和环境色彩关系，笔触衔接亦强亦柔，所表现的对象色彩丰富、光感强烈，具有视觉的真实感效果，需要学生通过长期训练去掌握。

4.4.3 干画法表现的步骤

在水色写实干画法中，先选择一张比较清晰的产品照片，用铅笔和水色颜料对照产品的图片从铅笔稿到上颜色分层次表现出来。用写实干画法表现产品的形态时，往往会采用大面积的水粉渲染、退晕的表现技法。这种画法是直接将颜料调好，用小板刷在产品线稿上涂刷，一边刷一边加色使之出现退晕，形成明暗渐变的光感效果，待产品的大色调关系确立后，分步骤刻画局部，一般采用的是从里向外画、从后向前画，画的过程中最好保持纸的湿润，使笔触与笔触间更好地衔接上，如图 4-21 所示。有时，人们对于干画法有一个理解上的误区，以为干画法就是少用水的意思，其实正确的用法是色块相加，是在前一遍色彩干燥后再上后一遍色，它不会像湿画法那样出现很多水渍。水粉虽比水墨、水彩稠，但是只要图板坡度陡些也可以缓缓地顺着图板倾斜淌下，形成自然的湿润效果，一般在写实表现中，表现产品的背景时采用湿背景画法的比较多。

图4-21　水粉写实干画法和表现效果

4.4.4 产品干画法案例赏析

车身的表现方法主要运用的是写实效果图表现中的干画法，如图 4-22 所示，首先采用退润的手法分别画出车身各部位的色彩明暗效果，强调车体面与面转折处的深浅变化，体现不同部位红色的车身在受光后的质感变化。如图 4-23 所示，车前窗的挡风玻璃要在车体内空间的灰暗结构画好后再完成玻璃的表现，车灯、反光都要加强明暗的对比，比如在前窗风挡玻璃上加几笔重色提高玻璃的透明度。

图4-22 局部退润 　　　　　　　　图4-23 汽车写实的整体表现

　　写实干画法的表现注重产品外观的质感和材料的真实再现 (见图 4-24 ～图 4-26)，需要画者有较强的造型写实能力，描绘过程中应注重产品外观结构和材料的真实再现，这也能锻炼画者对三维空间的塑造能力。

图4-24 手表、表带的写实效果

图4-25 火车的写实效果(作者：李作义)

图4-26　写实干画法的整体和局部表现

4.4.5　背景法表现

　　水粉背景法就是用水粉颜料铺垫大背景并利用该背景的色彩效果、概括的写实表现来完成产品预想效果图的一种画法，如图4-27所示。产品预想效果图是产品设计过程中非常重要的一种表现技法，它直接关系到设计者所创意设计的产品能否以真实的写实技法展现出来。

　　用水粉颜料画背景之前，首先要对照画稿上的产品，经过观察分析和主观设想后，确定采用什么色调、笔法来表现。一般来讲，应根据所表现产品的固有色来决定底色的色调，营造铺出背景，也就决定了画面主体产品的颜色，笔触的大小、长短、方向、虚实、飞白、留空等都要取决于所要表现的产品，如图4-28所示，笔触的大小、长短、方向要取决于产品的形态特征。背景的铺垫，实质上已经完成了两个任务，一是画出了产品的固有色，二是画出了画面的中间色调，然后就是在这个色调上画出产品的暗部和提高产品的亮部、处理好重颜色和浅颜色的对比。用简练、流畅的笔触在产品的重要结构处或决定产品外形的轮廓处画出产品的精彩之笔，如高光部位，或是能突出产品的空间和质感的重要体面关系，然后，以能够烘托出产品形体和动势的颜色作为产品的衬景，最后用较深的、面积最大的重颜色画出产品的投影部分。

图4-27　背景画技法表现(1)

图4-28　背景画技法表现(2)

步骤一：多调一些黄色倾向的颜色作为汽车的中间色调和汽车的背景色。在已完成的汽车线稿上，用板刷按照汽车车体前后的顺势方向涂抹黄颜色背景，涂抹的背景色可以有深浅的变化、有飞白的效果，还要考虑汽车车体部位着色的深浅轻重。

步骤二：待涂完背景色的纸风干之后，我们就可以在背景色上，用区别于背景色的具有冷暖、深浅变化的黄色画出汽车受光面与背光面的色彩区别，这区别在于营造汽车车体受光面与背光面黄色的明度、深浅和冷暖变化。经过刻画，汽车的形态特征、质感效果等关系就会明显地呈现出来。

步骤三：对照临摹的照片或设计稿，继续在局部和整体的比较中，深入刻画汽车车窗内饰以及各个局部细节的结构和质感，使其更好地再现预想的效果，如图4-29所示。这种背景底色的表现方法同样适合所有产品的背景色表现，如图4-30～图4-40所示。

(a)

(b)

图4-29　黄色背景下的汽车表现

图4-30　深蓝色背景下的汽车写实表现(作者：丁雪)

图4-31　冷暖渐变背景底色的汽车整体写实表现(作者：范敏)

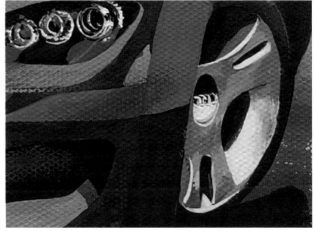

图4-32　冷暖渐变背景底色的汽车局部细节刻画

　　如图 4-32 所示，局部的刻画注重色彩与车体表面凹凸起伏的结构变化，强调的是受光和背光后颜色的深浅、冷暖和明暗变化的刻画，主要表现车体不同结构的质感和空间透视以及虚实关系。

(a)

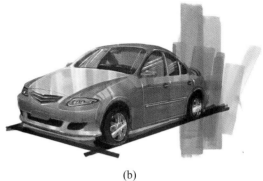
(b)

图4-33　竖向排笔背景底色表现的汽车效果

(a)

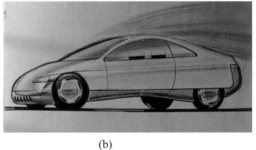
(b)

图4-34　斜向排笔背景底色表现的汽车效果

图4-35　应用底色概括表现的效果

图4-36　底色背景的快速表现(1)

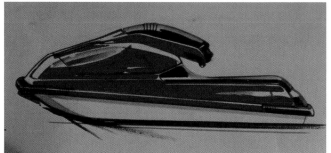

图4-37　底色背景的快速表现(2)

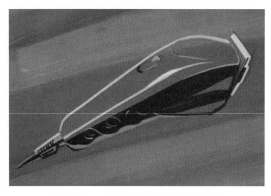

图4-38　底色背景的快速表现(3)　　　　图4-39　两种底色混合的快速表现

图4-40　应用底色写实技法的局部和整体表现(作者：张希)

应用背景底色画法表现，在注重整体色调和形体塑造的同时，细节的刻画更加重要，要将每个部件的结构表现充分、完美，精彩的地方一定要重点刻画。

本节重点

1. 运用基础的绘画造型能力，塑造好产品的形态特征及材质之美，从绘画的表现过渡到设计的再现，使画面具有感染力。

2. 在综合背景法表现中，在背景底色上塑造好产品的色彩及空间形态，是课程训练的重点。

4.5 色纸背景表现

色纸背景法就是利用有色纸作为背景完成产品预想效果图的一种画法，如图 4-41 所示。此画法有一定的局限性，不是所有的产品效果图都适宜用此画法完成，采用哪种表现画法要根据其所要表现的产品而定，也就是说，画面上表现的产品要充分利用该纸的颜色和肌理作为产品的背景色，画面上要做的是把产品的高光和产品转折结构的暗面部分画出来即可。这种表现技法最适合表现单一颜色的产品和透明材质的产品，如透明玻璃制品、手表，以及单色或很少色彩的家电、交通工具等。

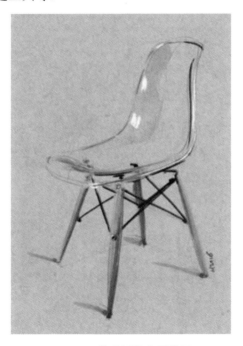

图4-41 背景纸的应用效果

如图 4-42 ～图 4-44 所示，这些分别是交通工具、手表及机枪等有代表性的便捷工具速记法效果图。

图4-42　深色背景纸的汽车效果表现

图4-43　深色背景纸的手表效果表现

图4-44　深色背景纸的机枪效果表现

本节重点

在有色背景纸上表现产品的形态，概括性地刻画出产品的层次及形态特征是非常重要的技能训练项目。

本节练习

选择一幅色纸背景表现作品，应用单色为主的色彩进行临摹，尝试塑造产品的空间层次感。

4.6 马克笔表现技法练习

马克笔手绘表现对训练学生提高眼与手的协调能力、快速设计的表达能力、丰富的立体想象能力具有十分重要的作用。

4.6.1 马克笔的应用特点

马克笔手绘使用方便，色彩明亮而稳定，具有一定的透明性，且速干，可提高制图效率，如图 4-45 所示。但马克笔的挥发性和渗透力很强，容易在纸上浸晕形成不必要的色团，因此不宜用吸水性过强的纸作画，应选用纸质结实、表面光洁的纸张，着色时运笔要快速果断，故着色前应考虑成熟，一般着色顺序宜由浅到深，这样既可以增加色彩的层次感，又便于控制整个画面的色调。同种色彩如重复运笔会降低明度，即使重复用笔也不宜重复次数太多，以免色彩失去鲜明度及产生浸晕现象。

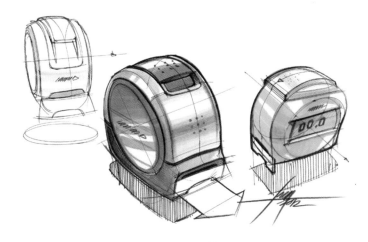

图4-45　马克笔应用

所以，熟练运用好马克笔，对于学好产品效果图表现技法这门课很有必要。掌握马克笔工具的特性，熟悉在运笔中产生的笔触和色块，需要学生进行大量的练习和用心体会，并在练习中不断地积累经验，才能获得满意的效果。

4.6.2 马克笔的学习方法和要领

对于初学马克笔手绘表现的同学来说，要在短时间内掌握马克笔表现的特点，并学会快速、准确地表现产品的形态、材质、结构的手绘方法，首先在心理上不能有急于求成的想法，要本着循序渐进、刻苦勤奋的学习劲头，在有一定量的积累后才会有质的飞跃，所以要保持一种良好的心态及正确的学习方法，通过教师的指导，依据课程计划由浅入深地学习和训练，就一定会有所收获。图4-46所示，是马克笔手绘表现效果图。

图4-46　马克笔手绘表现效果图

4.6.3 马克笔单色训练

开始练习时，同学们可以先从单色马克笔塑造形体训练开始，把握好单色用笔塑造物体明暗变化及形态特征的技巧，在练习中熟悉马克笔的运笔要点，因为单色马克笔的练习可以不必考虑物象的色彩关系，只注重形体的明暗变化(见图4-47)，这样相对容易把握，待熟练地掌握其性能和明度变化规律后，可再尝试应用多种色彩的马克笔进行产品形态和色彩的表现。

图4-47　马克笔单色表现(1)

进行单色马克笔的造型训练 (见图 4-48)，可以先选择一些比较简单的产品进行练习，在已经绘制好的单线草图上，确立好产品的受光部、背光部、中间部位及投影，然后用灰色马克笔概括地把产品的暗部和投影刻画出来。这种马克笔块面的造型训练是比较单调的，其最主要的训练目的是让学生分析产品的受光和背光明暗关系，在这两大层次上用深灰色强调明暗交界转折面，再用黑色加强投影部分，用浅灰色处理受光的中间部位。这里我们要注意的是，不光要绘制产品的大投影明暗交界的关系，也要绘制出该产品各个部分细节之间的暗部和投影关系，如图 4-49 和图 4-50 所示。

图4-48　马克笔单色表现(2)

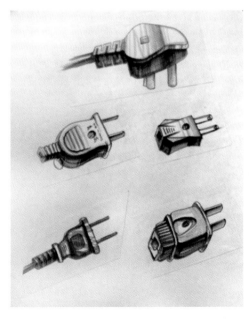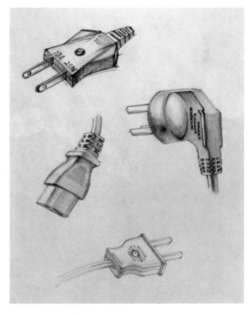

图4-49　同类产品不同造型的设计表现

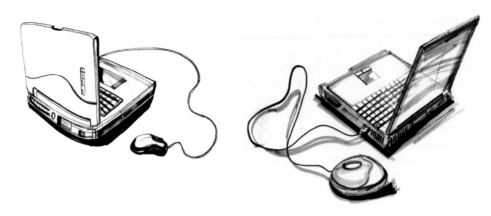

图4-50　马克笔单色效果表现图

4.6.4　马克笔色彩练习步骤

1. 起铅笔稿

马克笔着色要先画背光处，后画受光处，先用中灰色的马克笔将图中基本的明暗调子画出来，然后逐步加深画面。用笔要大胆、果断、干净、利索，先画产品整体大关系，后画局部小细部，并注意高光与亮部的留白表现，如图4-51所示。

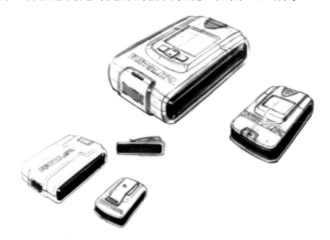

图4-51　马克笔单色设计表现(黑白稿)

2. 上色

(1) 在处理产品的表面时，用笔的遍数不宜过多，一次用笔和多次用笔的深浅、透明度都不同，在第一遍颜色干透后，再进行第二遍或第三遍上色，而且要准确、快速，否则色彩会渗出而形成混浊之状。

(2) 笔触是马克笔表现的魅力所在，其表现的笔触多是以排线涂抹方式，有规律地把握线条的疏密和走向，根据产品的空间形态，灵活地运用好色彩的明暗和冷暖关系，再通过运用排笔、点笔、跳笔、晕化、留白等方法，塑造产品的形态和材质，如图4-52所示。它所表现出的平和、洒脱、率直、激情的效果往往能与观者产生共鸣。

图4-52　局部着色

(3) 马克笔的浅色无法覆盖深色，所以在亮面涂色的过程中，应该先上浅色，后覆盖较深的颜色，并且要注意色彩之间的相互和谐，忌用过于鲜亮的颜色，以中性色调为宜，如图 4-53 所示。

(4) 有时单纯地运用马克笔，还不能尽情地表现产品的质地效果。可尝试与彩色铅笔、水彩、水粉等工具结合使用，画面会获得意想不到的效果。用马克笔着色前，要考虑产品受光的质感、投影，在形态上的比例和笔触走向以及粗、细、长、短的疏密关系等，然后再落笔，落笔要快捷、干净，切不可犹豫。对其暗部可用浅灰色麦克笔进行着重色，以突出形态间的体量感，然后刻画该机型背面夹子的金属质感，以及塑料件质感的光度，最后将投影画好，如图 4-54 所示。

图4-53　产品完成的色彩表现效果　　　　图4-54　对产品投影和细节的深入刻画

(5) 马克笔效果表现要关注构图和表现方法。构图是一幅渲染图成功的基础，不重视构图的话，画到一半会发现毛病越来越多从而影响设计者的心情，最后效果自然不佳。在把握好构图的同时，熟练的技法运用是画好手绘效果图的必要条件。着色过程中，色彩种类不要太多，注重明暗变化和表现的笔触要恰到好处，近处的物体要深入刻画，与远处的物象形成虚实对比，如图 4-55 所示。

图 4-56 ～图 4-64 所示，是一组产品手绘设计图，设计者采用"线描＋马克笔"的手绘

表现方式，集合了不同视角下产品所呈现出的不同形态的造型，在表现手法上采用以线为主的结构刻画呈现，以线描＋马克笔水色相融合的技法展现产品表面材质和产品本身的色彩关系，以丰富产品的手绘效果。马克笔的这种表现技法，由于其色彩丰富、作画快捷、使用简便、表现力较强，而且适合各种纸张，省时省力，因此很受设计师的青睐。

图4-55 完成色彩的刻画

图4-56 应用马克笔表现的小型工业产品设备

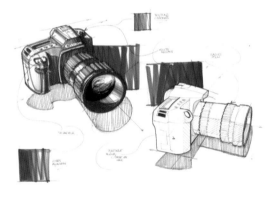

图4-57 简明马克笔表现

图4-58 马克笔快速表现

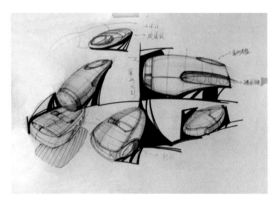

图4-59 马克笔构思草图(1)

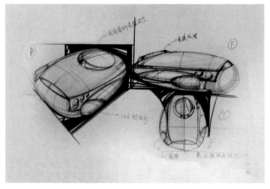

图4-60 马克笔构思草图(2)

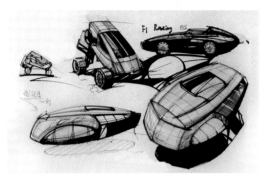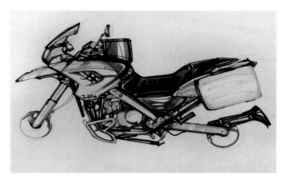

图4-61　马克笔构思草图(3)　　　　　图4-62　马克笔构思草图(4)

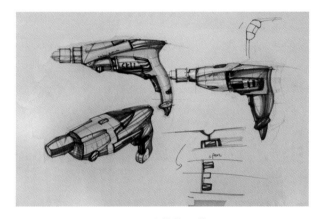

图4-63　马克笔构思草图(5)

图4-64　马克笔快速表现

 本章小结

通过案例分析，从产品手绘效果图表现需要具备的基本知识、能力、多种表现技法的讲授，到在教师指导下的学习和训练，使学生了解在不同设计条件下所应采用的不同手绘知识和技

能，并能运用这些知识和技能将自己的设计意图和设计项目通过手绘效果图的方式表现出来，达到熟练掌握和熟练应用设计表现流程的目的。

1. 手绘效果图表现的基础能力有哪些？
2. 水色写实表现效果图的步骤、方法有哪些？
3. 马克笔着色有什么特点？

仔细分析、理解本章提到的五种产品手绘效果图的表现技法，并以电子类产品为例，分别运用这五种表现技巧进行产品效果图展示。

要求：

(1) 注意不同表现技法的特点。

(2) 产品线条、结构、色彩运用要合理、准确、富有艺术美感。

第 5 章

设计案例应用训练

学习要点及目标

● 了解计算机产品手绘效果表现的地位及作用。
● 掌握计算机手绘效果图的表达技巧和方法。

本章导读

板绘产品效果图

随着科学技术的不断进步，计算机板绘的产品效果表达开始在设计行业中崭露头角。

如图5-1和图5-2所示，炫酷的汽车造型和智能产品的设计表达，从最初的设计创意到逼真的效果图呈现，整个过程无须复杂的三维软件建模，只需要一块数位板及PS、SAI等计算机软件即可完成。计算机绘制出的产品效果图，无论是产品的整体效果，还是细节刻画、质感表达，均能更好地展示产品的特点，进而诠释设计师的设计理念。

图5-1 板绘汽车效果图

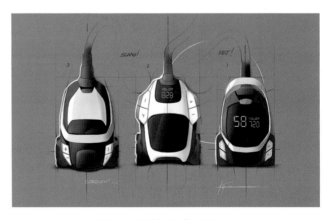

图5-2 板绘智能产品效果图

运用计算机进行产品效果图的表达，是产品设计师展示创意构思的必然趋势。板绘产品效果图的表达，也具有一定的方法与技巧，如需要经过线稿绘制、产品着色、光感效果、肌理刻画等关键步骤。对于初学者而言，需要多加练习。

(资料来源：根据站酷网资料整理)

5.1 计算机手绘表达技法

随着计算机技术的迅猛发展，目前产品设计的效果表现更加丰富多样。在工业设计专业的产品手绘表达中，基本可分为传统手绘和计算机绘图两种。传统手绘是指设计师以手工操纵画笔在纸上绘制产品设计效果图的表达方法；计算机绘图是指设计师利用计算机绘图软件、手绘板硬件等工具，实现无纸化的快速、准确的产品效果表达。随着设计类电子产品的开发与普及，产品手绘的表达与计算机技法的结合是产品设计专业的必然趋势。因此，了解和学习计算机手绘的表达技法也是目前产品设计专业中的重要研究课题。

5.1.1 计算机手绘表达的实现方法

计算机辅助设计往往以严谨、准确、效果逼真为特征，过去的计算机绘图软件(二维或三维)均暴露出随意性差的问题，所以在产品手绘表达方面，往往被设计师认为它的灵活性不及传统的手绘方式，不适用于快速、随意的设计草图的表达，而是更偏向于制作逼真效果的能力。

随着科技的不断进步、人们生活水平的不断提高，设计领域的研究开发也越来越受重视。目前，很多国际著名软件开发公司，如美国计算机软件公司 Adobe、高科技公司 Apple 等，它们以当下设计流行趋势和提高设计师工作效率为前提，开发更新了很多款计算机手绘软件，以及手绘板、iPad、触控笔等配套的硬件设施，这些软件和硬件的诞生，使人们开始改变对计算机产品手绘表达的认知。目前，在现有技术和硬件的支持下，设计师运用相关绘图软件，就如同运用传统的针管笔、马克笔一样，可以快速、随意地表达产品的形态、意象等，并且呈现出来的效果也更加生动、丰富多样，如图5-3～图5-6所示。

图5-3　计算机手绘表达(1)

图5-4　计算机手绘表达(2)

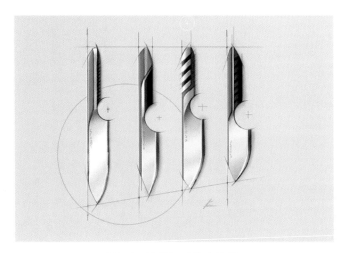

图5-5　计算机手绘表达(3)

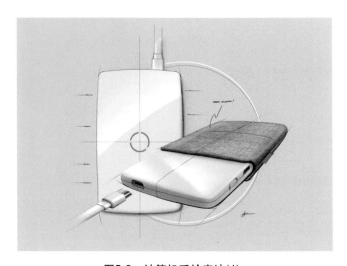

图5-6　计算机手绘表达(4)

5.1.2 计算机手绘表达方法的分类及特点

计算机手绘表达方法大致可分为两大类，即鼠标绘图和板绘。

鼠标绘图是指在计算机中使用绘图软件，如 Photoshop、Adobe illustrator 等，再结合计算机鼠标进行产品线稿、透视、上色处理的绘制方法，区别于传统的用纸和笔的手绘。该方法相对传统产品手绘而言，在工具准备上方便、简单、便于携带；产品的结构线、光感效果、投影处理等各方面也较传统手绘的表达更加生动丰富、表现多样；在操作处理上，每一步均可成为一个新的图层，以便后续修改，如图 5-7 所示。不过，这种绘图方式由于受到鼠标在绘图过程中灵活性的限制，所以如果想要获得完美的产品手绘效果，需要花费一定的时间。

图5-7 鼠标绘制数码相机效果(上)和图层(下)

板绘是当下计算机绘图的主流。板绘是指用数位板和PS、SAI等计算机软件来绘制图片，它不同于传统手绘和鼠标绘图，是科技进步的产物。板绘相对于鼠标绘图而言，最明显的优势在于创作灵活、快速且更加方便调整和修改。数位板又被称为手绘板或绘图板，是一种计算机输入设备，通常由一块板子和一支压感笔组成，如图 5-8 所示。它的这项绘图功能，使绘图更加方便快捷、表达细腻，操作性优于鼠标键盘及传统的笔绘，所以目前被广泛应用于设计领域。简单来讲，板绘可以认为是传统手绘和鼠标绘图在一定程度上的结合。数位板代替鼠标，使设计师可以在面积较大的电子板上随意发挥，绘制效果即可显示在计算机的相关绘图软件 (如 PS、SAI 等) 的画布中，表达精细，效果丰富。

图5-8　数位板

在产品设计中，手绘是展示设计师创意的最快方式，也是一个设计师功底的体现。整体而言，计算机的产品手绘表达不仅可以节省耗材、方便修改，而且效果丰富、表达细腻，也可达到传统手绘中随意表达的目的和效果。此外，计算机手绘表达还易于保存，对于传统手绘而言，手绘的纸张、色彩等都会随时间的变化而发生一定的变化，而计算机手绘表达就可以一直保存在计算机中，并且可以保存、复制多份。

本节重点

了解和学习计算机手绘表达的基本概念、在产品设计专业的重要性，以及具体的实现方式，同时也要掌握该表达技法与传统手绘表达方式的区别。此外，还要掌握计算机产品手绘表达方式——鼠标绘图和板绘，以及它们各自的特点。

本节练习

1.自选一张产品线稿图，运用绘图软件Photoshop和计算机鼠标进行临摹，思考和体会使用鼠标绘制产品效果的方法和技巧。

2.自选一张产品线稿图，运用绘图软件Photoshop和数位板进行临摹绘制。

5.2　产品板绘的基础知识及设计表现

板绘和鼠标绘图是计算机产品手绘表达的两种方式。由上文可知，鼠标绘图由于受硬件灵活性的限制，完成一幅作品耗时较长，而板绘恰好弥补了鼠标绘图的这种劣势，而且表达创意更加灵活、随意，所以板绘成为当下计算机产品手绘表达的主流方式，接下来笔者将以产品板绘的设计表现及方法为重点进行讲解。

5.2.1　数位板及笔刷的认识与选择

对于初学者而言，掌握板绘的入门技巧及注意事项是必不可少的。

1. 数位板的选择

数位板的选择，可以从以下四个方面进行判断。

1) 压感

压感级别就是用笔轻重的感应灵敏度，捕捉画手力度变化的每个瞬间，并经过计算机计算表现出来。简单地说，压感级别就是绘图者对下笔力度的感知程度。压感越高，表示画笔所能感应的程度就越灵敏，越能感受到线条微弱的变化，这样就越能接近手绘的感觉。但是对于新手而言，其实是感觉不到 1024 级和 2048 级甚至 8192 级之间的差别的 (目前常见的压感有 1024 级、2048 级和 8192 级三个级别)。

2) 分辨率

分辨率就是指屏幕图像的精密程度，是指屏幕所能显示的像素的多少。简单来说，我们可以把它理解成屏幕是由很多个小方块组成的，单位面积里的方块越多，画面就越精细、细腻，显示的线条效果精度就越高 (目前常见分辨率为 2540、3048、4000 和 5080)。

3) 读取速度

读取速度如果太低的话，容易造成线条断线、折线等线条不顺畅的现象 (目前常见的读取速度为 133 点 / 秒、200 点 / 秒)。

4) 绘画区域的大小

绘画区域的大小决定了绘图者的作画范围，但绘画区域也不是越大越好，适合即可。

2. 板绘笔刷的选择

板绘笔刷的选择，可以从以下三种笔刷入手。

1) 绘画铅笔笔刷

绘图铅笔能够很好地模仿铅笔的效果，画出来的线条带有颗粒感，像是在纸上画画的感觉，适合打线稿、画草图 (颜色淡一些)，如图 5-9 所示。

2) 19 号笔刷

19 号笔刷是一种多功能的画笔，无论是透明度还是软硬程度都是十分舒适的画笔。它也可以模仿铅笔的绘画感，并且还会有轻重的变化，如图 5-10 所示。

3) 尖角笔刷

尖角笔刷画出来的线条很实在，线条很干净，但不适合起稿，容易影响画面的干净程度，如图 5-11 所示。

当选择好合适的数位板和明确常用的各类板绘笔刷的效果、使用场景后，即可进行相关练习，从而熟悉产品板绘的简单流程。以板绘电钻产品效果图为例，图中左边是已经绘制好的产品效果图，右边为从绘制产品线稿、结构到上色等相关步骤展示，如图 5-12 ～图 5-15 所示。

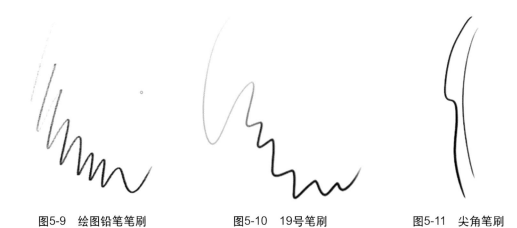

图5-9　绘图铅笔笔刷　　　　　图5-10　19号笔刷　　　　　图5-11　尖角笔刷

图5-12　绘制产品线稿

图5-13　确定线稿后进行局部填色

图5-14　其他部位填色

图5-15　添加光感效果

5.2.2　产品板绘的基础阶段

对于板绘的初学者而言，基础阶段的产品板绘表现可以先不上色，应该着重练习产品的线条表达方式、形体透视、结构设计、产品多角度表现、设计表达技巧等内容，使产品的形体、透视、结构及设计意图在不上色的阶段就能清晰直观地展现出来。

关于产品板绘基础阶段的练习方法，与传统手绘有很多相似之处，大致可以从以下几点入手。

(1) 在数位板上进行线、椭圆、方形等集合体的基础练习。该练习不仅可以让初学者熟悉数位板的压感、笔刷等特点，还可以提高对数位板绘图的熟悉度、练习线条感，手、脑、设备三者结合，为后续进行完整的产品板绘训练奠定基础。

(2) 板绘产品的透视训练。在产品手绘表现中，透视的基本原理是："近大远小""近宽远窄""近高远低""近清晰远模糊"。画面的透视角度可以分为平视、仰视和俯视三种。

(3) 板绘产品的结构表现。在板绘中，产品的结构表达十分重要，它涉及产品如何使用、各部分之间如何联系、不同部位如何上色以体现不同材质的板绘效果。产品的结构表达明确，最直接的效果是便于后续产品上色。

(4) 优秀的板绘作品分析和临摹。学习优秀作品的线条、透视、结构等表达方式和技巧，可以快速地提高自身的表达技能。

图 5-16 ～图 5-23 所示的板绘作品，是笔者针对产品板绘初学者需要掌握的基础阶段的技能 (形体线稿、透视、结构等)，进行了收集、整理和归纳，供初学者有针对性地临摹练习。

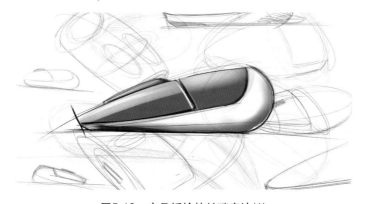

图5-16　产品板绘的基础表达(1)

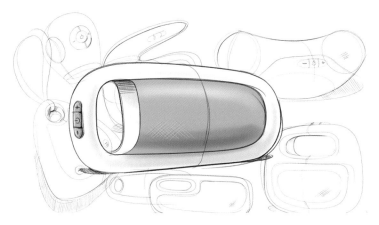

图5-17　产品板绘的基础表达(2)

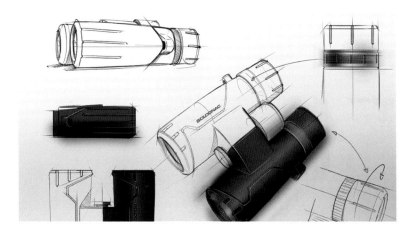

图5-18　产品板绘的基础表达(3)

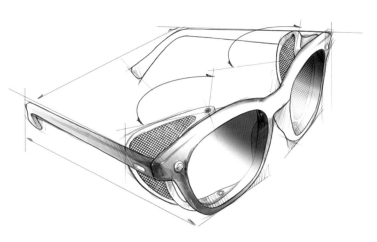

图5-19　产品板绘的基础表达(4)

图5-20　产品板绘的基础表达(5)

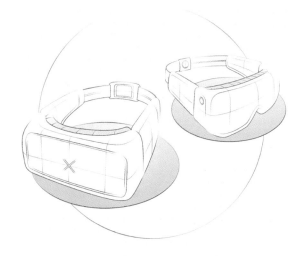

图5-21　产品板绘的基础表达(6)

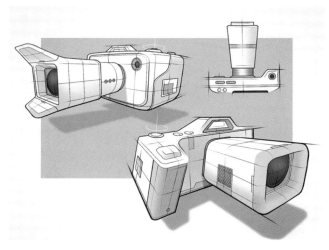

图5-22　产品板绘的基础表达(7)

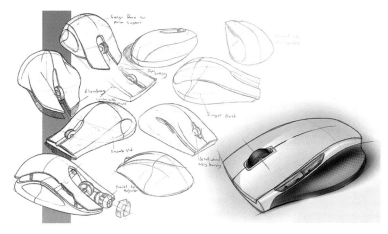

图5-23　产品板绘的基础表达(8)

板绘初级阶段技能的掌握需要花费一定的时间，初学者一定要耐心练习，并在临摹优秀案例的过程中，总结和掌握板绘中的线条运用、透视、结构等表达技巧。

本节重点

掌握板绘的入门技巧及注意事项，并以板绘电钻产品效果图为例，熟悉产品板绘的创意构思和操作流程；掌握产品的线条表达、形体透视、结构及设计意图等基础阶段的板绘表现方法。

本节练习

1. 用绘板绘制一款眼镜的产品线稿图。简单上色，重点注意产品的线条、形态透视和产品结构的表达。

2. 用绘板绘制一款鼠标的产品线稿图。简单上色，重点注意产品的线条、形态透视和产品结构的表达。

5.3 产品板绘的具体案例讲解

关于产品板绘的操作步骤，是一个由线稿到最终效果、由简单到复杂、由粗糙到细腻的过程，只要掌握了这种具体的操作步骤，设计师无须三维建模即可快速地表达自己的想法和创意。在上一章中，我们向大家介绍了产品板绘的基础知识和板绘初级阶段应该重点练习、掌握的技能及方法，以达到辅助初学者入门的目的。本节我们将结合具体案例来分析产品板绘的具体操作步骤。

板绘案例5.1

第一步，将数位板连接计算机，同时启动计算机中的绘图软件 Photoshop，调试好设备后，开始绘图。在数位板上，先使用较细的铅笔工具绘制产品的大致形状，同时思考产品的局部细节并适当绘制表现，如图5-24所示。大家在绘图时不要介意画面中的粗线和多余线，这些对于定义设计很有帮助。

图5-24 绘制产品的基本形态

第二步，在绘图软件 Photoshop 中，添加新图层，然后改为粗铅笔工具来细化产品线条，如图 5-25 所示。在该过程中，要注意将透视与结构关系画准确，线条要流畅。

一张设计稿中，如果需要更多角度的视图来解释其他设计意图，那么除了细化它们的线条外，还要通过移动不同的视图以便使整个画面的布局更加合理 (避免出现画面拥堵的现象)。

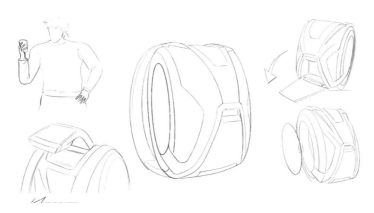

图5-25　细化产品线稿

第三步，线稿细化完成后，开始进行上色处理。一般可以使用合适的笔刷工具或喷枪来填充颜色 (当大家熟练掌握板绘技能后，可以根据自己的操作习惯进行工具的选择)。

上色时，先填充产品固有的颜色，用大面积色块平涂在产品上，并将材质区分开。对于初学者而言，可以用钢笔工具勾出产品的各个部分，然后上色，并且每一部分都要新建图层，以便后续修改，如图 5-26 所示。

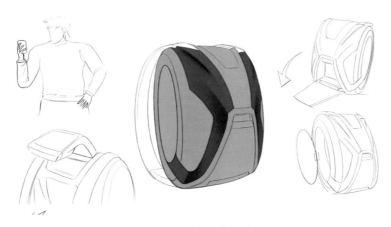

图5-26　产品上色处理

第四步，设定光源的位置 (包括主光和辅光)，然后对明暗面进行区分，完善和添加产品的高光、阴影、凹凸等细节，从而刻画出产品整体的体积感以及明暗关系，如图 5-27 所示。

第五步，调整、优化色彩方案，同时强化整体效果，提高整体的高光、反光，加强暗部、明暗交界线、投影、细节纹理及产品 Logo 部分，使产品看起来更加真实。此外，在整体布局中还应添加场景草图，即背景刻画，以达到突出产品效果的目的，其中场景设计这一环节，可根据具体情况而定，非必要步骤，如图 5-28 所示。

图5-27　刻画产品的体积感及明暗关系

图5-28　优化色彩方案及细节处理

第六步，产品效果及使用场景说明绘制完成后，使用 Photoshop 软件，在绘图中添加相关文字说明 (整体及细节)，局部结构、功能可通过添加有色箭头进行说明解释，使用户更加明白设计师的设计意图，如图 5-29 所示。

图5-29　添加文字、箭头等辅助说明

板绘案例5.2

练习无透视视图的产品板绘，是初学者提高板绘技能的方法之一，该类练习可以着重锻炼初学者对产品形态、线条及上色等能力。

第一步，先在数位板上，选择合适的笔刷工具绘制好产品的侧视线稿图，即使是侧视图，也要刻画产品的侧视部分的结构和细节，以便上色处理，如图5-30所示。

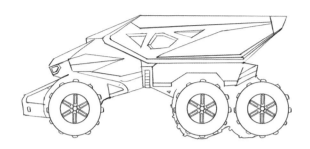

图5-30 产品侧视线稿绘制

第二步，产品填充颜色。用不同颜色的大面积色块平涂在产品的相应部位上，用不同色块代表不同的部位、材质及表现效果等，如图5-31所示。与此同时，每填涂一个色块就新建一个图层，并在Photoshop软件的图层工作区中做好各个图层的命名和编组。从最初就养成好的板绘习惯，不仅有助于提升板绘技能，还可以有效地提高绘图效率。

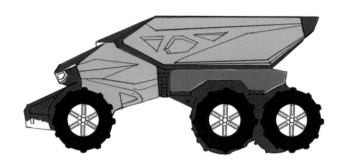

图5-31 填充色块、区分材质

第三步，光感刻画，区分明暗面，呈现局部的凹凸效果，使产品实现从平面到立体效果的过渡，如图5-32所示。同时，简单处理一下产品背景图。

第四步，产品细节推敲和刻画。在步骤三的基础上，进一步强化光感效果，除了高光、反光外，增加分模线细节处理，以使得产品的结构关系更加清晰，同时增加地面投影、车灯发光、轮毂、产品Logo等细节处理，使产品的效果表现更加完善，如图5-33所示。

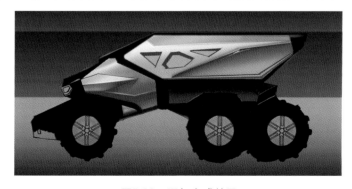

图5-32 添加光感效果

图5-33　细节推敲和刻画

板绘案例5.3

第一步，利用数位板绘制线稿，注意线稿的优化和细节处理。

第二步，产品局部上色处理，即先选择一部分利用笔刷或喷枪工具进行固有色填充，然后以此部分为基础确定整体的光源位置，区分该部分的明暗面，使局部获得高光、体积感的效果，如图 5-34 所示。

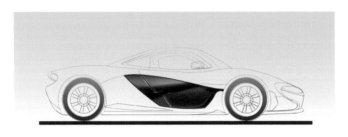

图5-34　产品线稿及局部填色处理

第三步，车身上色及效果处理。在车身填涂固有色的基础上，遵循步骤二的光源方向，进行效果加强处理，包括明暗区分、高光、反光以及分模线、厚度处理，如图 5-35 所示。

图5-35　车身上色及效果处理

第四步，车顶及车窗处理。具体处理方法同步骤三，但在车窗部分，上色时要注意透明度的调节及反光处理，并在软件中设置好图层，如图 5-36 所示。

图5-36　车顶及车窗着色处理

第五步，完善细节。车灯和轮毂处理，将轮毂上色后，再通过 Photoshop 软件的"滤镜"—"模糊"功能处理获得金属拉丝效果，以突出跑车的速度感，如图 5-37 所示。

图5-37　车体细节完善

板绘案例5.4

第一步，与前三个案例相同，先在数位板上进行线稿图绘制。绘制时，要由粗糙到精细、由整体到局部，注意线条的粗细及明暗处理，如图 5-38 所示。

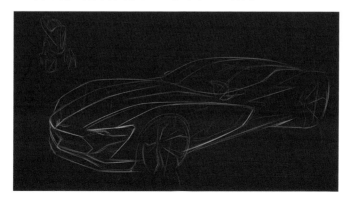

图5-38　产品线稿绘制

第二步，添加产品固有色。使用笔刷或喷枪等工具给产品及背景图填色，并区分不同部位的不同材质，如图 5-39 所示。不同材质均为一个图层，但需将最初的线稿图层置于顶层，以便于观察和进一步处理。

图5-39　添加固有色及背景色

第三步，添加光源效果。首先应设定光源位置，包括主光和辅光，然后在产品固有色的基础上进行平面的明暗处理（添加高光、暗面），使材质获得大致的立体效果，主要是获得明暗的立体感，对于材质的光影效果还需进一步刻画，如图 5-40 所示。

图5-40　添加光源、区分明暗面

第四步，添加产品细节。在步骤三的基础上，优化车窗、车头、排气格栅的立体效果，加强车身暗部及明暗交界线的处理。同时，增加产品投影，如图 5-41 所示。

图5-41　添加产品细节

第五步，强化产品的灯光效果，从而绘制不同材质的光影特性。在步骤四的基础上，根据光源物理特性，对产品进行整体提亮和局部提亮的处理，增加产品各部位的层次感，从而刻画出材质的光影特性，如图 5-42 所示。

图5-42　强化灯光效果

第六步，整体完善。添加车身顶部、车头、车窗部位的反光效果，使产品与背景图更好地融合，以提高产品本身的质感。此外，应对车身局部进行材质纹理、增加产品 Logo 的处理，使产品的板绘表现更加生动、逼真，如图 5-43 所示。

图5-43　整体细节完善

综上所述，我们结合四个具体的产品板绘案例，为大家详细介绍了产品板绘的具体步骤及方法，接下来就板绘操作步骤进行整理、总结，以便大家参考和学习。

第一步，产品的线稿绘制。该步骤可以分两种情况分别进行处理：一是直接在数位板上绘制产品线稿，完成初稿及初稿的精细化处理；二是可以先利用传统手绘的方式在纸张上绘制线稿，然后导入绘图软件中进行线稿的重新绘制，即在纸质线稿的基础上进行提炼和归纳。无论采用哪种处理方式，最后均要保证线稿的线条规范、曲面平顺，为后续上色做准备。

第二步，添加产品的固有色。使用着色工具进行产品着色，该步骤的上色仅限于色块平涂，划分区域材质，而不去体现产品表面的光影、立体及形体转折。每种色块都要新建图层，以便后续进一步处理和修改。

第三步，设定整个画面主光和辅光的光源位置。在划分好的区域，按照光源位置进行明暗面区分，使产品整体获得明暗的立体效果。

第四步,强化光影效果。这一步可用来提高产品整体的高光、反光,加强暗部、明暗交界线,突出形体转折及增加地面投影部分。

第五步,产品背景图绘制。根据产品种类、功能等特性,绘制相应的背景图,让产品与背景相融合,并调整画面效果,增强对比度,以便达到突出产品效果的目的。

第六步,完善产品细节。对产品细节进行刻画,如局部材质纹理表现、表面贴图、品牌Logo等,使产品表现得更加真实。

以上是产品板绘的大致步骤。每个人都有自己的绘图方式与习惯,以后大家在板绘实践过程中也可以总结适合自己的步骤与经验。

本节重点

结合四个具体产品板绘的案例,学习掌握产品板绘的具体步骤及方法,包括产品创意构思—线稿绘制—产品上色—添加光影效果—绘制背景图—完善产品细节。在明确板绘操作步骤的同时,也要熟练掌握各个步骤的具体表达思路和技巧。

本节练习

1. 用板绘表现一款电子音响的产品效果图。要求产品透视、结构准确,质感表现细腻,且保留绘制过程图。

2. 用板绘表现一款概念车的产品效果图。要求产品透视、结构准确,质感表现细腻,且保留绘制过程图。

本章对计算机手绘表达的种类及各自的特点进行了详细阐述,其中强调了板绘表达技法的地位及作用,并结合多个具体案例分析了板绘产品效果图的详细步骤与思路,使学生可以熟练掌握板绘产品效果图的表现方法和技能。

1. 板绘产品效果图的优点有哪些?
2. 请阐述传统手绘与计算机手绘各自的利弊。

仔细分析、理解本章中提到的板绘产品效果图的详细步骤与思路,并自选一款工业产

品，进行板绘效果图训练。

要求：

(1) 保留创意草图、固有色上色等过程性文件。

(2) 产品线条、结构、色彩、光效等要运用准确。

第6章

产品效果图欣赏

产品手绘效果表现是运用线条、明暗、块面、色彩等元素的组合将产品的外观形态及色彩质感立体地展现出来的一种设计活动。一幅优秀的产品预想效果图需要设计者既要有扎实的创意表现绘画能力，还必须具有较强的技术实践表达能力，艺术与技术的完美结合才能实现产品的创新性效果再现。从设计创意到画面构思、从草图绘制到线稿的精细化处理、从整体效果把握到产品细节的刻画，每一个环节都需要设计师用心去表达。无论是传统的手绘效果图表现方式，还是应用计算机手绘的效果表达，都应该是每一位产品设计师必备的技能。

本书在各章的讲解中，分别为读者介绍和分析了传统手绘和计算机手绘这两大类产品效果图的表达技法。为了让大家可以更好地掌握各种效果图表现方法及技巧，本章为大家整理、归纳了手绘和板绘完成的这两大类优秀产品的效果图案例，方便学生们分析、欣赏及临摹练习。

6.1 手绘效果图欣赏

供欣赏的手绘效果图如图 6-1 ～图 6-35 所示。

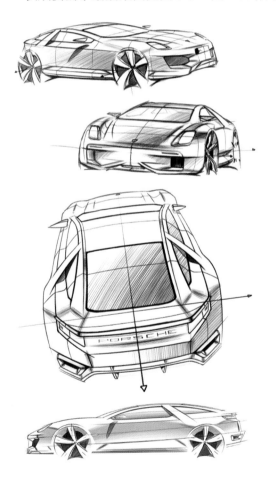

图6-1

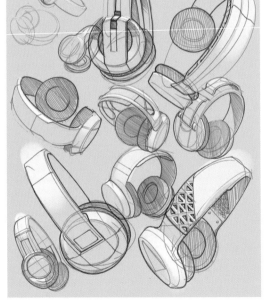

图6-2

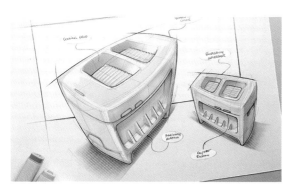

图6-3

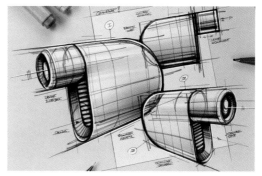

图6-4

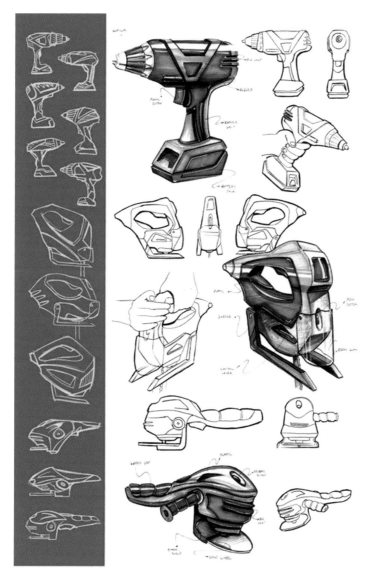

图6-5

图6-6

图6-7

图6-8

图6-9

图6-10

图6-11

图6-12

图6-13

图6-14

图6-15

图6-16

图6-17

图6-18

图6-19

图6-20

图6-21

图6-22

图6-23

图6-24

图6-25

图6-26

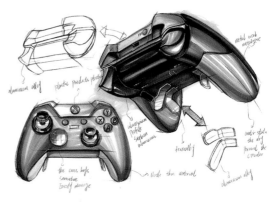

图6-27

图6-28

图6-29

图6-30

图6-31

图6-32

图6-33

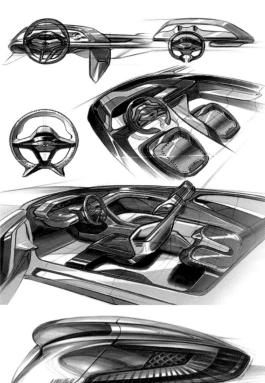

图6-34

图6-35

6.2 板绘效果图欣赏

供欣赏的板绘效果图如图 6-36 ～图 6-72 所示。

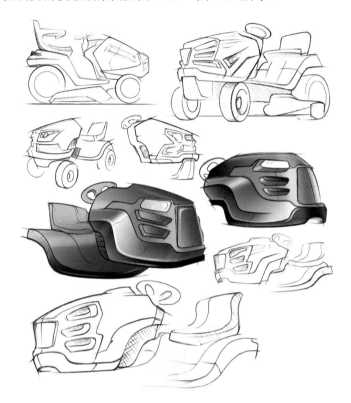

图6-36

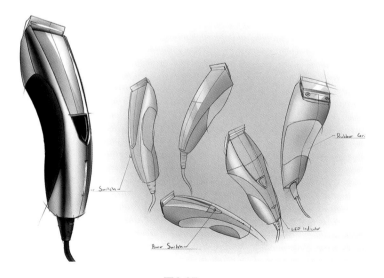

图6-37

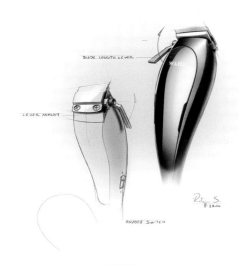

图6-38

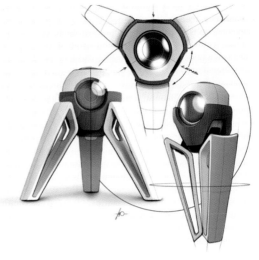

图6-39

图6-40

图6-41

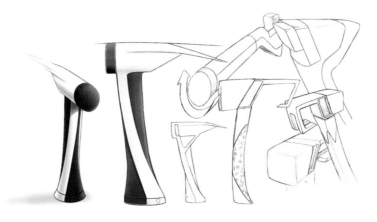

图6-42

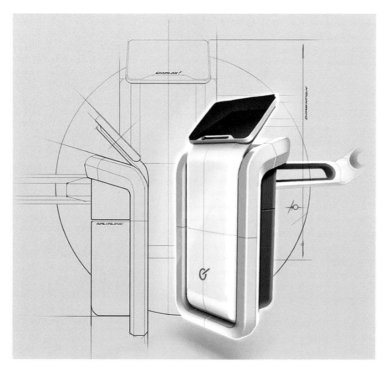

图6-43

图6-44

图6-45

图6-46

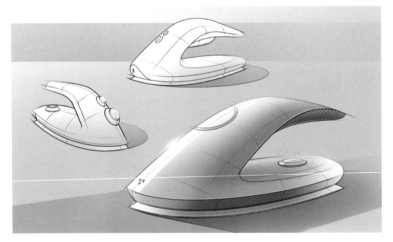

图6-47

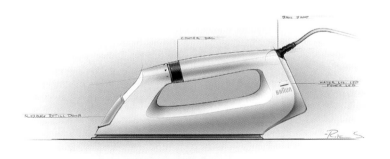

图6-48

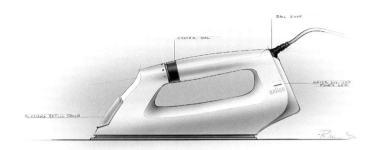

图6-49

图6-50

图6-51

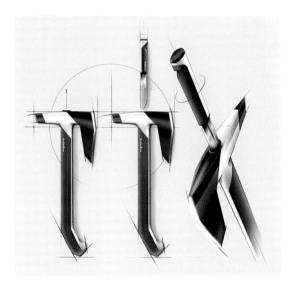

图6-52

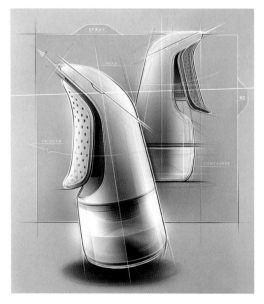

图6-53

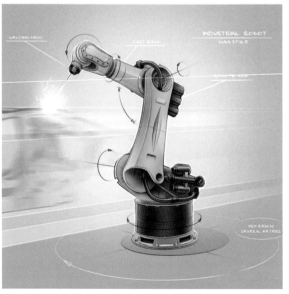

图6-54

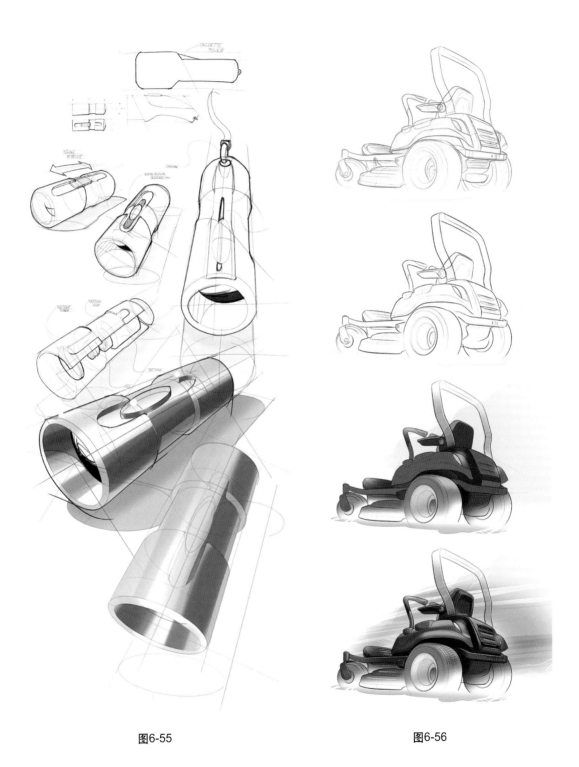

图6-55

图6-56

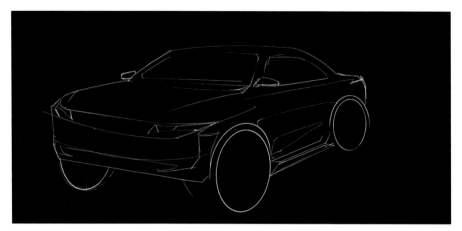

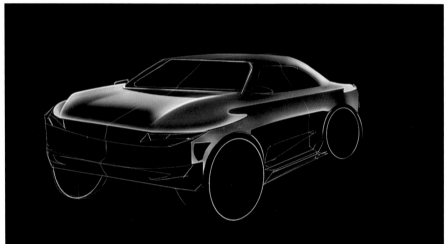

图6-57

图6-58

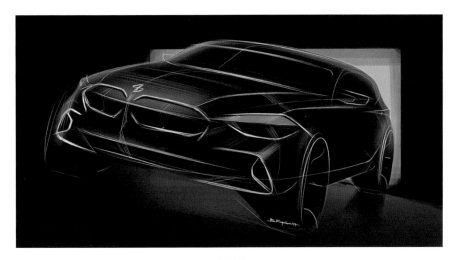

图6-59

图6-60

图6-61

图6-62

图6-63

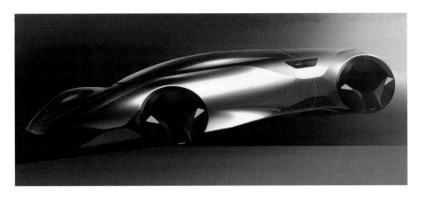

图6-64

图6-65

图6-66

图6-67

图6-68

图6-69

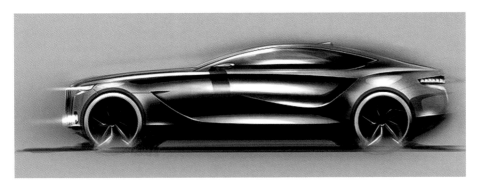

图6-70

图6-71

图6-72

参 考 文 献

1. 张展 . 产品设计 [M]. 上海：上海人民美术出版社，2002.

2. 王富瑞 . 产品设计表现技法 [M]. 北京：高等教育出版社，2003.

3. 曹学会 . 产品设计草图与麦克笔 [M]. 北京：中国纺织出版社，2008.

4. 张克非 . 产品手绘效果图 [M]. 沈阳：辽宁美术出版社，2008.

5. 夏寸草 . 产品效果图表现技法 [M] 上海：上海交通大学出版社，2011.

6. 赵国斌 . 设计与徒手表现基础 [M]. 沈阳：辽宁美术出版社，2014.

7. 曹伟智 . 产品手绘效果图基础 [M]. 沈阳：辽宁美术出版社，2014.

8. 李禹 . 产品设计与实训 [M]. 沈阳：辽宁美术出版社，2014.

9. 薛文凯 . 产品手绘设计表现技法 [M]. 合肥：安徽美术出版社，2017.

10. 李云生 . 工业产品设计手绘实例教程 [M]. 2 版 . 北京：人民邮电出版社，2020.